"十四五"时期国家重点出版物出版专项规划项目

中国能源革命与先进技术丛书

电力电子新技术系列图书

光伏发电系统智能化故障诊断技术

马铭遥　徐　君　张志祥　编著

机械工业出版社

本书以极具潜力的数字化光伏电站为应用场景，介绍了基于数据驱动的智能化光伏组件、组串、逆变器等核心装备的态势感知及故障诊断的基础理论知识和典型工程实现方法。为进一步实现智慧运维技术补充了必要的建模理论知识以及程序设计框架，奠定了相关技术的工程实现基础。

本书可为从事光伏电站运行和维护研究和应用的相关技术人员提供参考，也可作为高等院校相关专业研究生的学习参考书。

图书在版编目（CIP）数据

光伏发电系统智能化故障诊断技术 / 马铭遥，徐君，张志祥编著 . —北京：机械工业出版社，2022.3（2023.11 重印）

（中国能源革命与先进技术丛书 . 电力电子新技术系列图书）

"十四五"时期国家重点出版物出版专项规划项目

ISBN 978-7-111-70166-8

Ⅰ . ①光… Ⅱ . ①马…②徐…③张… Ⅲ . ①太阳能光伏发电－故障诊断 Ⅳ . ① TM615

中国版本图书馆 CIP 数据核字（2022）第 027135 号

机械工业出版社（北京市百万庄大街 22 号 邮政编码 100037）
策划编辑：罗　莉　　　　　责任编辑：罗　莉
责任校对：潘　蕊　李　婷　封面设计：马精明
责任印制：郜　敏
北京富资园科技发展有限公司印刷
2023 年 11 月第 1 版第 3 次印刷
169mm × 239mm · 11.75 印张 · 241 千字
标准书号：ISBN 978-7-111-70166-8
定价：69.00 元

电话服务　　　　　　　　　　网络服务
客服电话：010-88361066　　　机 工 官 网：www.cmpbook.com
　　　　　010-88379833　　　机 工 官 博：weibo.com/cmp1952
　　　　　010-68326294　　　金 书 网：www.golden-book.com
封底无防伪标均为盗版　　机工教育服务网：www.cmpedu.com

电力电子新技术系列图书
序　言

1974年美国学者W. Newell提出了电力电子技术学科的定义，电力电子技术是由电气工程、电子科学与技术和控制理论三个学科交叉而形成的。电力电子技术是依靠电力半导体器件实现电能的高效率利用，以及对电机运动进行控制的一门学科。电力电子技术是现代社会的支撑科学技术，几乎应用于科技、生产、生活各个领域：电气化、汽车、飞机、自来水供水系统、电子技术、无线电与电视、农业机械化、计算机、电话、空调与制冷、高速公路、航天、互联网、成像技术、家电、保健科技、石化、激光与光纤、核能利用、新材料制造等。电力电子技术在推动科学技术和经济的发展中发挥着越来越重要的作用。进入21世纪，电力电子技术在节能减排方面发挥着重要的作用，它在新能源和智能电网、直流输电、电动汽车、高速铁路中发挥核心的作用。电力电子技术的应用从用电，已扩展至发电、输电、配电等领域。电力电子技术诞生近半个世纪以来，也给人们的生活带来了巨大的影响。

目前，电力电子技术仍以迅猛的速度发展着，电力半导体器件性能不断提高，并出现了碳化硅、氮化镓等宽禁带电力半导体器件，新的技术和应用不断涌现，其应用范围也在不断扩展。不论在全世界还是在我国，电力电子技术都已造就了一个很大的产业群。与之相应，从事电力电子技术领域的工程技术和科研人员的数量与日俱增。因此，组织出版有关电力电子新技术及其应用的系列图书，以供广大从事电力电子技术的工程师和高等学校教师和研究生在工程实践中使用和参考，促进电力电子技术及应用知识的普及。

在20世纪80年代，电力电子学会曾和机械工业出版社合作，出版过一套"电力电子技术丛书"，那套丛书对推动电力电子技术的发展起过积极的作用。最近，电力电子学会经过认真考虑，认为有必要以"电力电子新技术系列图书"的名义出版一系列著作。为此，成立了专门的编辑委员会，负责确定书目、组稿和审稿，向机械工业出版社推荐，仍由机械工业出版社出版。

本系列图书有如下特色：

本系列图书属专题论著性质、选题新颖、力求反映电力电子技术的新成就和新经验，以适应我国经济迅速发展的需要。

理论联系实际，以应用技术为主。

　　本系列图书组稿和评审过程严格，作者都是在电力电子技术第一线工作的专家，且有丰富的写作经验。内容力求深入浅出、条理清晰、语言通俗、文笔流畅、便于阅读学习。

　　本系列图书编委会中，既有一大批国内资深的电力电子专家，也有不少已崭露头角的青年学者，其组成人员在国内具有较强的代表性。

　　希望广大读者对本系列图书的编辑、出版和发行给予支持和帮助，并欢迎对其中的问题和错误给予批评指正。

电力电子新技术系列图书
编辑委员会

前　言

在我国"二氧化碳排放力争于 2030 年前达到峰值，努力争取 2060 年前实现碳中和"的目标指引下，能源低碳转型步入长发展周期。相关数据显示，"十四五"期间，我国每年新增光伏装机容量将保持在 80GW 左右，累计新增光伏装机容量在 400GW 左右，这意味着未来光伏年新增装机容量将成倍增长。而在光伏装机容量迅猛增长的大背景下，人们也越来越意识到光伏电站的运行维护技术至关重要。光伏组件和并网逆变器作为光伏发电系统中的基础性关键装备，其可靠运行直接决定了系统的能效水平和运营利润。我国分布式光伏发电典型应用于丘陵山地、水面、鱼塘、屋顶等地势或环境相对复杂的场景，装备受环境外因及运行工况影响极易诱发各类缺陷或故障。如何在光伏发电系统建设成本约束下始终保证核心装备服役期间的可靠运行，是目前光伏发电领域亟待突破的关键难题之一。

本书正是在这样的背景下编写而成的。作者团队与阳光电源股份有限公司开展了长期深入合作，从 2016 年开始，陆续完成了对应用在阳光电源厂区屋顶 5MW 光伏电站、江苏盱眙 20MW 光伏电站、合肥肥东梁园 100MW 水面光伏电站、广东韶关 110MW 光伏电站、广西合浦 30MW 林光互补电站、吉林白城 100MW 光伏电站、贵州威宁 900MW 光伏电站、安徽灵璧渔沟镇 120MW 光伏电站、山西左云 50MW 山地光伏电站等各类分布式光伏电站的组件测试数据统计工作，掌握了不同运行环境和电站类型下光伏组件的典型故障特征及故障概率分布情况，并在此基础上深入研究了数据驱动的光伏电站运行状态实时监测与故障智能化诊断技术的可行性和优越性。衷心希望与从业者共同分享多年来从实际电站测试中凝练出的工程解决方法。

本书由三位作者共同讨论确定了编写大纲，并完成了撰写工作。全书共分为 5 章。第 1 章主要阐述了智能化光伏电站关键装备故障诊断技术的发展及已有方法。第 2 章重点介绍了服务于光伏发电系统仿真模拟的光伏电池的不同建模方法。可依据不同的仿真需求，选择不同的光伏电池模型。第 3 章分析了常用光伏组件在不同辐照度、不同缺陷和故障下的数据特征，并提出了基于光伏组件 I-V 数据的故障特征量提取、解耦及故障诊断方法。第 4 章将研究对象拓展为光伏电站的组串或阵列，介绍了基于光伏组串 I-V 数据的故障特征量提取、解耦及故障诊断方法。第 5 章聚焦于光伏并网逆变器，讨论了光伏并网逆变器发生硬件故障等情况下的故障迅速定位和成因分析方法。

　　本书相关工作的完成得到了阳光电源股份有限公司的大力支持，项目团队在公司中央研究院徐君技术总监和云平高级工程师的指导下，完成了大量实际运行电站的测试和数据整理工作，作者向长期支持高校科研发展的优秀企业致以最崇高的敬意。同时本书的编写还得到了作者所在团队许多老师和同学的支持和帮助，特别是得到了张兴老师的细心指导和鼓励，还有凌峰、刘恒、王海松、孟雪松、熊鹏博、刘星、蒋庭植、宋启伟等同学的帮助，在此一并表示诚挚的感谢。本书部分内容是在国家自然科学基金（52061635101、51977054）资助下完成的，在此深表感谢。

　　由于作者水平有限，加之编写时间仓促，书中难免存在不足，甚至是错误，恳请广大读者批评指正。

作　者

目 录

第**1**章

绪　　论

日益严峻的生态环境和气候变化已经成为威胁人类健康和生计的主要因素，传统粗放型的发展模式难以为继，各国对生态环境的保护要求越来越高，推动绿色增长、实施绿色新政成为各国政府的首要任务。党的十九大报告提出"推进能源生产和消费革命，构建清洁低碳、安全高效的能源体系"，这为我国能源清洁低碳转型发展提出了新的方向。对于电力行业来说，就要加快推进能源结构从以煤炭发电为主向以清洁低碳能源为主的跨越式发展。光伏发电由于具有无污染、零排放、取之不尽、用之不竭等优势将成为未来的主导新能源。

在我国"二氧化碳排放力争于 2030 年前达到峰值，努力争取 2060 年前实现碳中和"的目标指引下，能源低碳转型步入长发展周期。在此背景下，我国光伏产业有望维持中长期增长势头。凭借在全球光伏市场的主导优势，我国光伏产业具有极强的成长性和竞争优势，并已成为能源转型的强劲动力。相关数据显示，"十四五"期间，我国每年新增光伏装机容量将保持在 80GW 左右，累计新增光伏装机容量在 400GW 左右，意味着未来光伏年新增装机容量将成倍增长。在我国光伏产业面对重大机遇快速发展的同时，也面临着诸多的挑战，如弃光率高、成本与政策补贴、高效经济运维等，因此为助力实现"双碳"目标和构建新型电力系统，光伏产业仍需推动多重变革。本章将介绍我国光伏发电技术的发展与挑战，重点对优化光伏电站运维的故障检测方法的研究现状进行了总结与分析，并系统性介绍光伏电站的几种形式。

1.1　光伏发电技术的发展与挑战

随着全球应对气候变化及能源变革行动不断推进，光伏已成为全世界绿色经济发展的重点领域和率先实现平价上网的可再生能源之一。我国具有重要的光伏应用市场和成熟的产业体系，在"光伏+"的助力下，光伏产业将实现高质量发展。光伏竞争力日益增强，将成为未来电力增长的主要动力。光伏发电技术不断进步，光伏平价上网趋势明显，但同样也面临着诸多挑战与难题。

1.1.1 光伏发电的发展与挑战

能源与全球经济的发展和人类社会文明的进步息息相关。能源可根据其基本形态分为一次能源（自然界中以原有形式存在、未经加工转换的能源，如煤炭、石油、天然气、水）和二次能源（一次能源经过加工转化成的另一种形态的能源，包括电力、煤气、汽油等）。受经济发展和人口增长的影响，世界一次能源消费量不断增加[1]。过去 30 年来世界能源消费量年均增长率为 1.8% 左右[2]。根据美国能源信息署（Energy Information Administration，EIA）最新预测结果，2022 年世界能源需求量将达到 131.18 亿 t 油当量，2025 年将达到 136.50 亿 t 油当量，年均增长率为 1.2%[3]。随着化石能源的广泛使用，每年有数十万吨的硫等有害物质抛向天空，严重污染大气环境，直接影响人类的生活，产生大量的温室气体导致温室效应，引起全球气候异常。因此，人类为了长久可持续发展，需要依靠科技的进步，提高能源使用效率，或者改变能源使用策略，开发利用不会枯竭且清洁绿色的能源——可再生能源。为应对能源危机和全球变暖，世界各国纷纷做出承诺，将加强对清洁能源的开发，降低二氧化碳排放量。"碳中和"是指个体或系统在一定时间内，直接或者间接回收的碳氧化物量大于或等于其所排放的碳氧化物量，即碳氧化物的静排放量小于或者等于零。碳中和联盟（Carbon Neutrality Coalition，CNC）的国家和地区作为碳中和社会的探索先驱者，通过制定法律或政策以尽早实现《巴黎协定》的碳中和目标。我国主动提出二氧化碳排放力争于 2030 年前达到峰值、努力争取 2060 年前实现碳中和这一极具力度的目标，对能源发展提出了新要求。

光伏是一种公认的具有成本竞争力和可持续性的技术。近年来，由于对可再生能源的需求不断增长，太阳能光伏能源已成为继水电和风能之后的第三大可再生能源，光伏技术得到了快速的发展，光伏装机容量逐年增加，并广泛应用于各行各业。人类不断开发利用太阳能，光伏发电是其中最重要的一部分，它是一种利用太阳电池半导体材料的光伏效应，将太阳光辐射能直接转换为电能的新型发电系统。为了满足光伏系统组成与正常运行，大量新兴产业应运而生，包括光伏逆变器产业、光伏组件产业、新型电能优化装置产业等。光伏发电的应用场景、应用领域很广，小到装配光伏发电模块的家用电器、基础设施建设，以及为了满足人类生存用电的各种规模光伏电站，再到军事航天航空领域的可靠能源供给，可以说光伏发电应用已经渗透到了全人类全社会之中。截至 2020 年底，全国光伏累计装机容量为 25250 万 kW，其中分布式光伏累计容量为 7815 万 kW（占比 30.95%）；2020 年全国光伏新增装机容量为 4820 万 kW，其中分布式光伏为 1552 万 kW（占比 32.20%）。近年来我国光伏装机容量变化趋势如图 1-1 所示，光伏系统的装机容量逐年快速增长，且分布式光伏发展快速，占比逐年增大。据国际可再生能源机构（International Renewable

Energy Agency，IRENA）预测，全球太阳能装机容量将在 2020 年达到 2.48TW，2050 年达到 8.5TW[4]。光伏发电在总发电量中的占比将在 2030 年达到 13%，2050 年达到 25%，成为全球第一大电力来源。据国际能源机构（International Energy Agency，IEA）报告预测，2019 ~ 2024 年，全球可再生能源将增长 50%（1200GW），太阳能光伏将约占增长的 60%（700GW，140GW/ 年）。太阳能平准化度电成本（Levelized Cost Of Energy，LCOE）将从 2018 年的 0.085 美元 /kWh 降至 2030 年的 0.02 ~ 0.08 美元 /kWh，到 2050 年将达到 0.01 ~ 0.05 美元 /kWh[5]。其中，分布式光伏增长 320GW，分布式光伏的发电成本逐渐低于零售电价，到 2024 年累计装机达到 530GW。

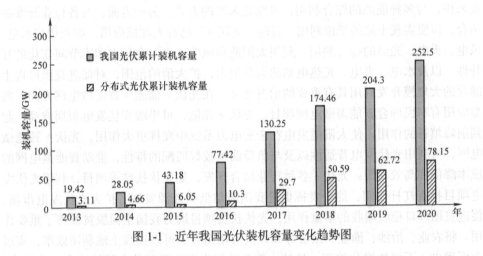

图 1-1　近年我国光伏装机容量变化趋势图

"十三五"以来，我国的光伏发电技术不断进步，产业规模持续扩大，实现了建设成本和发电成本的不断下降。我国的光伏产业目前处于全球领先水平，电池组件产量世界第一，产能远超出全球的需求。作为光伏电站的设备主体，光伏组件主要承担将太阳能转化为电能的作用。如今市面上光伏组件种类繁多，从规格尺寸上划分，主要有由 60 片或 72 片 156mm × 156mm 的光伏电池单元组成的组件；从光伏电池材料上划分，主要有单晶硅组件、多晶硅组件、非晶硅组件等，根据应用电站的需求、综合发电效率和成本的不同，这些类型的组件各有各的优势；随着技术的创新，目前市面上涌现出很多新型光伏组件，包括叠片组件、半片电池组件、多晶黑硅组件、双面组件等，这些组件虽然发电效率更高，性能更好，但复杂的生产工艺提高了成本，从而限制了它们的普及率。目前已装机电站中普遍应用的是单玻晶硅光伏组件（60 片），每块光伏组件的最大发电功率为 300W 左右，发电效率约为 20%。光伏逆变器因其技术壁垒较高，在发展初期一直被国外逆变器企业所垄断。我国的部分逆变器企业在不断研发过程中逐步突破技术障碍，目前已在全球逆变器行业中占据一定地位。而随着组串式逆变器的技术进步和成本日益下降，也有部分集中式光伏电站开始使用组串式逆变器。而随着分布式光伏发电技术日渐成熟，屋顶和工商业光伏发电系统以及各类场景的小型光伏电站快速发展，组串式光伏逆变器得到了更加广泛的应用。在制造业取得成果的同时，近几年我国光伏电站的技术管理水平也得到了明显的提升，无人机巡检、远程运维已经在新建电站中得到较为广泛的运用。结合大数据、互联网等技术，光伏电站的运行情况能够得到实时监控，检修效率大幅提升。通过这些技术，使光伏电站的整体运维水平提高，光伏系统的发电效率得到了不断提升。经国网能源研究院初步测算，预计"十四五"期间全社会用电量增长率为 4%~5%，"十四五"期间新增新能源发电装机容量至少约 2.3 亿 kW，2025 年总规模达到至少 6.5 亿 kW（全国为 7.5 亿 kW，太阳能发电的装机容量增长快于风电）[6]。此外，"光伏+"促进我国光伏产业向着更高质量发展，从能源利用方面来讲，与多种能源的综合利用，可能是未来的方式。另一方面，与各行业开发的结合，以便实现土地的增值利用。目前"光伏+"已有大规模应用，如光伏与水电、风电、火电、光热的综合利用。利用太阳能和风电、水电在日内和季节间变化的互补性，以及水电、火电、光热电站的调节能力，扩大消纳范围，对促进我国可再生能源的大规模开发利用具有重要的示范意义。在光伏+储能+智能微电网方面，典型应用有军民融合新能源微电网项目。光伏+储能，可平缓光伏发电短期波动，起到削峰填谷的作用，使太阳能发电在未来电力系统中发挥更大作用。光伏+智能微电网，可利用光伏发电普适性以及与负荷曲线较好匹配的特性，推动智能微电网的成本降低和高效利用。光伏+各种行业结合开发，如光伏扶贫等项目，利用光伏发电项目投资杠杆作用，综合发挥促进我国清洁低碳能源发展、扩大光伏发电市场、促进贫困人口稳收增收的多重作用，光伏扶贫项目助力我国全面脱贫发挥了重要作用。将农业、治沙、渔业、旅游等和光伏应用结合，可以提高土地利用效率，实现上可发电、下可沙漠化治理、种植、养鱼及与生态旅游相结合等的综合开发模式。实现一地多用，提高土地利用效率和产值，提高低碳能源比重，对于提高当地非化石能源比重和污染防治也具有重要意义。此外，光伏+沉陷区治理，在大规模矿业开采造成土地表面变形、沉陷，难以进行基建及耕种区域建设大型并网光伏项目。依托采煤沉陷区荒废区域建设光伏电站，实现沉陷区综合治理效益最大化，有效推进该区域由传统能源生产向新能源生产转型，满足节能环保需求，对调节当地经济结构，促进当地就业具有重要意义。将光伏发电直接与建筑物相结合，作为建材使用，同时生产电力。光伏充电站、光伏公路等建设，在保证清洁能源供应的同时，也是解决新能源汽车续航的发展方向之一。光伏与建筑和交通相结合的方式，可集约用地，同时起到加大能源清洁利用的作用。光伏与互联网、大数据的融合，可以充分反映光伏产业的信息化特征，促进能源行业和信息行业的跨界融合，实现能源生产和使用的智能化匹配及协同运行，推动创新创业和提高全社会生产效率。我国具有重要的光伏应用市场和成熟的产业体系，在"光伏+"的助力下，光伏产业将实现高质量发展。

在光伏产业快速发展的同时也面临诸多问题与挑战。一是消纳情况在部分地区仍面临困难。由于我国太阳能资源分布不均匀，导致部分地区的弃光率较高，因此在光伏电站大规模建设的同时，需要充分考虑当地的消纳调解能力，从而合理有效地配置光伏电站的容量。二是成本与价格问题。虽然光伏在近年的发展中成本不断下降，且趋于平价，未来通过技术的不断革新、通过市场资源的优化配置，光伏发电要更具备价格竞争优势。三是补贴机制。在考虑合理收支的情况下，不进一步扩大补贴缺口，这也是光伏行业面对的问题。除上述问题外，如何通过经济合理的技术手段对光伏电站进行运维，最大化光伏电站的收益也是当前光伏电站亟待解决的问题。而这些问题的解决，一方面需要政府进行政策的引导和扶持，另一方面，也需要产业界通过创新，从技术的层面上去支持解决行业面临的这些问题，以实现今后更好的、更高质量的发展。为实现光伏系统的降本增效，要保证光伏系统的可靠运行，对于光伏系统中可能的故障进行及时预警，可以最大程度地保证系统的稳定运行，降低运维成本，增加发电收益，因此光伏系统的故障诊断技术对于提高系统可靠性和增加经济收益具有重要价值。

1.1.2 光伏组件故障诊断方法

近年来，对光伏发电技术的研究已经从最高效率的竞争转移到提高系统性能可靠性方面。随着光伏产业的快速增长，光伏技术的可靠性引起了研究人员、制造商和投资者的密切关注。虽然光伏技术长期以来一直被认为在现场条件下非常可靠，具有较低的衰减率，但是某些故障的出现可能会引发灾难性的后果。正常情况下光伏组件的使用寿命为 20～25 年，然而，在光伏系统运行多年期间，其暴露在户外恶劣的环境条件下可能导致不同类型的故障持续发生[7]。光伏组件作为光伏发电系统中的核心部件，其可靠性是影响整个系统性能的关键。光伏组件中常见的故障有阴影、热斑、电势诱导衰减（Potential Induced Degradation，PID）、二极管失效、隐裂、虚焊等，其中热斑的故障率为 25%，比重最高且最为严重[8-10]。这些故障的发生可能会降低组件的使用寿命，加快组件的老化过程，从而降低组件的输出效率，更严重者甚至会引发一系列安全问题，如火灾、漏电等[11]。通过增加光伏组件使用寿命来降低成本是推动光伏产业进一步发展的关键因素。通过连续、可靠和可跟踪的光伏电站监测，可以提高光伏系统的可靠性和服务性能，从而增加光伏系统的使用寿命。这反过来又将直接影响投资成本、LCOE 和光伏总体竞争力[12]。从这个意义上讲，通过准确量化性能损失和识别故障来保障系统可靠性和良好的性能是确保并网光伏系统运行品质的关键。在线的光伏组件故障诊断技术能够及时发出故障告警，这将使运维人员能够及时采取纠正措施，以防止光伏系统长时间运行不佳，从而最大限度地减少故障造成的功率损失，有利于提高光伏系统的性能，增加系统的经济收益。

故障诊断是指对光伏系统中的故障进行检测和分类的过程。原则上，现有的故障诊断方法通常由两部分组成：检测部分，检测光伏系统的异常运行；分类部分，将检测到的故障分类为各种故障类别或致因。故障检测技术是运用不同诊断方法来识别并网光伏系统的故障，而故障分类技术则是用不同的故障分类方法来区分光伏系统内发生的故障的具体类型。分类（决策）阶段是故障诊断常规流程中最重要的步骤，因为它可以快速量化各种故障机制背后的因素。因此，通过通知运维人员最可能的故障源，允许他们及时采取纠正措施，可以最大限度地减少故障造成的发电损失。一般来说，目前的光伏系统故障诊断方法可以分为以下几类：基于视觉检测、基于成像技术、基于数据分析、基于监控系统。

当前，最流行的故障检测方法是基于成像技术[13-16]。这些成像技术包括红外热成像（Infrared imaging，IR）、紫外荧光成像（Ultraviolet fluorescence，UL）、光致发光成像（Photoluminescence，PL）和电致发光成像（Electroluminescence，EL），能够检查现有光伏电站中存在的问题，并通过图像分析准确检测各类故障。视觉检测也是一种普遍采用的方法，例如通过视觉检测来评估光伏阵列的故障，以观察光伏系统中的可见故障。尽管这些技术可以识别几乎所有已知的光伏系统故障，但该过程非常耗时，并且需要额外的价格较昂贵的专用设备。另一方面，基于可获得性能数据分析的方法可以提供实时检测，在实际中具有优化运维、节省时间的优势。随着当前人工智能领域的进步和统计数据分析技术的快速发展，关键器件的故障检测和分类引起了广泛关注[17, 18]。光伏行业中当前自动识别和分类故障的基本方法是为每个被监控参数定义阈值水平，其中测量值与期望值和定义阈值的比较可以提供关于故障状况的信息[19-21]。这些阈值可以是静态的（即预设置的）或动态的（即有来自测量值的反馈）。这种基于阈值比较的方法的优点是在各种光伏系统中均可适用，且实现简单，而缺点则是需要建立准确的模型进而设定合理的阈值。目前许多已开发的检测算法主要针对检测单个传感器的数值变化，而不是对多个传感器的测量结果进行综合运用[22]，在复杂运行环境下这势必会产生一定的误判。其他方法如使用机器学习技术（如神经网络、模糊逻辑和专家系统）从可用数据中提取信息，也可以确定故障的相关情况[23-29]。

1.1.2.1 基于视觉检测

视觉检测法通常需要人工上站，如目视检查光伏阵列中存在的故障，以便观察光伏组件的颜色变化和可见缺陷[30]。视觉检测是众多检测方法中最简单、最快和最实用的方法之一，常用于检测可见缺陷和故障，如分层、变色（变黄和变褐）、弯曲、烧痕、玻璃破裂、破损和电池碎裂[31, 32]。图1-2所示为通过视觉评估可检测到的两个可见缺陷（破损和变色）的例子。视觉检测也用于识别灰尘、污垢、树叶、鸟粪和阴影等故障[33]。然而，功率下降（如PID）和其他故障（如热斑）的外在表现通常是肉眼不可见的（或视觉摄像机和其他用于视觉检查的传感器），只能借助更复杂的工具来检测。

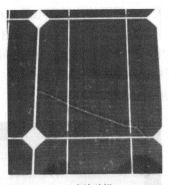
a) 电池破损

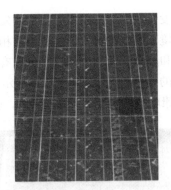
b) 组件变色

图 1-2 视觉检测到的光伏组件故障

1.1.2.2 基于成像技术

图像分析（即从图像中提取信息）被广泛应用于故障诊断，因为它是光伏组件故障定性表征的强大工具[34]。图像处理技术可以以较高精度指示故障的准确位置，但这种技术依赖于适当的设备来获得所研究的光伏阵列的发光和热成像图像[35]。为了检测光伏组件的热行为，可以使用红外相机进行热成像检测。热成像是通过检测光伏组件或阵列的温差，并将它们显示在红外图像中，以便进一步识别组件上缺陷和故障的准确位置。热成像技术可用于识别光伏组件的开路、旁路二极管问题、内部短路、分层、局部阴影、隐裂、电池损坏和热斑[36, 37]。图 1-3 所示为红外相机拍摄的热斑组件的红外图像，通过显著的温度差异可以准确识别组件中的热斑故障。

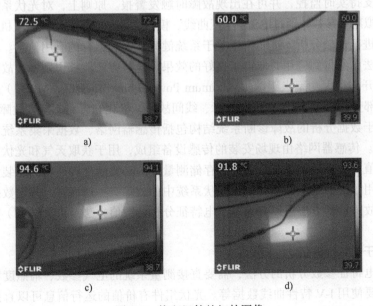

图 1-3 热斑组件的红外图像

而发光技术（光致发光、电致发光和紫外荧光）需要使用外部电源，且需要在特殊环境下离线进行，通过适当的相机测量光子的辐射复合，以便检测光伏组件中的缺陷和故障。发光成像技术可以有效地诊断出电池裂纹、分流、开路、电池破损及 PID 的存在和位置[14]。图 1-4 所示为热斑组件和 PID 组件的 EL 图像。在 EL 图像中，健康电池单元显示为亮或灰色，而故障电池单元显示为暗或黑色。

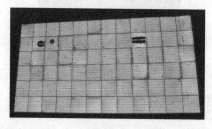
a) 热斑组件

b) PID组件

图 1-4　热斑和 PID 组件的 EL 图像

尽管这些成像技术可以定性地诊断出上述故障，但一个显著的缺点是它们不能直接提供任何由于故障造成的定量损失水平的指标。

1.1.2.3　基于数据分析

由于实时检测和最优化实际运维的优点，基于数据分析的光伏系统故障诊断方法变得越来越普遍。因为基于数据分析的故障诊断方法仅需要依据在系统、阵列、组串和组件级别获得的实际光伏运行数据（如电压和电流）进行诊断[25]。这些数据分析方法支持实时监控，并可在出现故障时触发警报。原则上，对光伏系统的实测参数和模拟期望参数（通过电流 - 电压曲线、模拟参数和非参数模型以及机器学习算法获得）进行比较分析，进而产生关于系统健康状态和运行的有用信息。基于数据分析的方法已经得到应用并取得了良好的效果，这些方法能够识别多类故障，包括逆变器断开、最大功率点跟踪（Maximum Power Point Tracking，MPPT）故障、失配故障（部分阴影）、开路和短路故障、线间故障、老化和旁路二极管故障[20, 21, 38]。典型的基于数据分析的故障诊断系统结构包括传感器网络、数据采集系统和数据分析算法[38]。传感器网络由现场安装的传感设备组成，用于获取天气和光伏系统运行中的测量值。数据采集系统是采集和存储测量值的必要硬件和通信网络装置。数据分析算法用以评估系统性能并识别光伏系统中的故障。一般而言，基于数据分析的光伏系统故障诊断方法可以分为基于电特征分析、数值方法（机器学习）和统计分析的方法。

1. 基于电特征分析

基于电特征参数分析的方法，需要直接测量系统的电气参数、辐照度和气象信息，还需要使用 I-V 特性曲线数据等。光伏组件有价值的运行信息可以直接从采集的 I-V 曲线中获得，因为它可以提供光伏组件、组串或阵列的大多数工作点。I-V 曲线（用适当的设备跟踪）揭示了光伏最为显著的特征，并可为故障诊断提供详细信息[39]。由光伏系统中的传感器可以获取光伏组件、组串或阵列的运行参数，如电压、电流、功率等。通过这些电特征参数的变化可快速判断系统中组件或组串是否发生故障，而故障诊断的精度与传感器的数量成正相关，为检测出系统中光伏组件可能存在的故障，最理想的情况就是在每块光伏组件上放置传感器，但是大量的传感器会增加系统成本[40]。为此，相关研究采用一种优化的传感器放置策略来对小型光伏阵列进行故障诊断[41, 42]，将研究矩阵的方法用于光伏阵列的故障诊断，其中阵列中的每块光伏组件可以看作是矩阵的每个节点元素，将每串中相邻光伏组件的连线等效为权值边，根据光伏阵列中电压、电流的相互关系，得出电压传感器覆盖所有权值节点即为最优的电压传感器放置策略，图 1-5 所示为一个 3×3 光伏阵列的最优传感器放置方法示意图。该方法可以在一定程度上减少阵列中传感器的数量，利用各电压、电流传感器之间的数值关系可以诊断出光伏组件的局部阴影、开路和短路等故障。

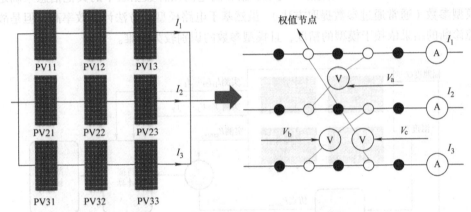

图 1-5 光伏阵列及最优电压传感器放置示意图

除上述优化的传感器放置策略外，对地电容检测法（Earth Capacitance Measurement，ECM）也可用于检测光伏组串中的故障，其原理图如图 1-6 所示，一般用于诊断传输线路中的断点，通过测量接地电容的大小来判断光伏组串中是否

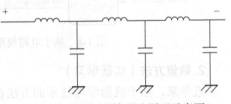

图 1-6 对地电容检测法原理示意图

出现短路、开路、连接错误等故障，简单方便，但是不能实现在线测量[43, 44]。

此外，时域反射法（Time Domain Reflectometry，TDR）利用反馈信号来检测光伏阵列是否有故障存在，从一个端口输入一个电信号，再从该端口接收到反馈的信号，对两者进行比较判断是否存在故障[45, 46]，通常可用于检测线间故障、开路、短路等故障，原理如图 1-7 所示。该方法需要昂贵的设备，且需要离线测试，具有一定的局限性。

基于电路模型的方法通过建立精准的光伏组件模型与实际运行中的组件的参数进行对比，可以有效诊断出光伏组件中的局部阴影、老化等故障[47, 48]。图1-8所示为基于电路模型的故障检测方法示意图，该方法通过将监测数据与建模预测的结果进行比较来计算功率损失，然后对损失指标进行处理以产生故障信号，利用电压、电流、功率损失等信息进一步通过特

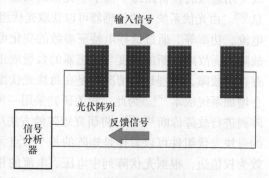

图 1-7　时域反射法原理示意图

征计算确定光伏组件发生的故障类型[49]。该方法中的预测模型需要基于电路的光伏组件仿真（如单二极管和双二极管模型）或其他经验模型来估算发电量[50]。因此，需要使用可用的辐照度测量值、气象数据和制造商铭牌数据表中的其他信息来确定模型参数（通常通过参数提取方法）。虽然基于电路模型的方法计算效率高，但是故障诊断的结果依赖于模型的精度，且模型参数的识别较为困难。

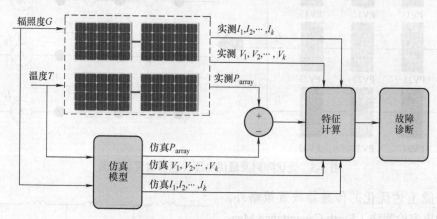

图 1-8　基于电路模型的故障检测方法示意图

2. 数值方法（机器学习）

近年来，基于机器学习技术的方法在故障检测领域变得越来越流行，如人工神经网络、卡尔曼滤波器、支持向量机、决策树、模糊逻辑和专家系统等基于机器学习技术的检测工具已经逐渐被应用于识别光伏系统中的故障[51-53]。基于机器学习技术的方法可以从给定的光伏数据集中自动提取知识，并且由于其对预期发电量的准确估计，可以有效地识别光伏系统中的故障。然而，机器学习技术需要大量的训练数据和长期的训练过程。此外，为了对正常或故障条件做出决定，需要包含光伏系统健康和故障运行条件的先验数据（电流、电压、辐照度、环境和运行温度）。由于

实际光伏系统中各种故障具有不可预测性、故障类型多样和故障表现特性受环境因素影响而不易诊断等特点，因此，对光伏组件进行在线故障诊断具有一定的难度。神经网络可以将光伏组件故障状态和故障原因之间的对应关系保存在神经网络结构、连接权值和阈值中，因此将实际测量得到的数据输入训练好的神经网络中，就可以判断组件是否发生故障及故障的类型，从而实现光伏组件在线故障诊断[54]。图 1-9 所示为一种用于光伏组件故障诊断的 BP（Back Propagation，反向传播）神经网络的基本结构，将光伏组件的最大功率点电压 U_m、组件最大功率点电流 I_m、组件短路电流 I_{SC} 和组件的开路电压 U_{OC} 作为该神经网络的 4 个输入，若干个输出用于识别组件的状态，运用神经网络一般可以识别组件的短路、异常老化、阴影遮挡等故障。

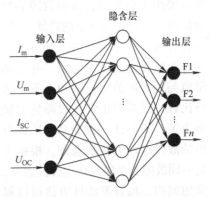

图 1-9 BP 神经网络基本结构

决策树是故障分类技术中较常用的一种技术，其基本算法是通过自上而下的递归生成一棵决策树，生成的决策树可以分为内部节点和叶节点两类，内部节点是属性的集合，叶节点是最终的分类结果，图 1-10 所示为决策树的基本结构。在故障诊断过程中，决策树自上而下逐步通过内部节点对属性值进行比较，确定下一步的走向，最后到达的叶节点即为分类的故障诊断结果[55]。因此，从决策树的根节点到不同的叶节点，分别对应着一条分类规则，即整棵决策树是一组分类规则的集合。由于决策树有自动从提供的属性集合中选择合适属性的能力，因此其也被应用于光伏组件的故障诊断，利用从采集的数据集合中提取出故障诊断规则，能够有效对光伏组件的不同故障类型进行分类。

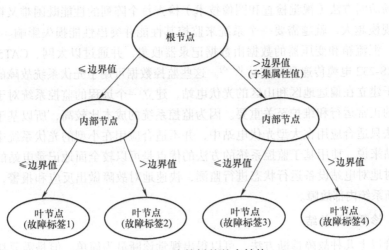

图 1-10 决策树的基本结构

3. 统计分析

基于统计分析的故障检测的方法已应用于光伏系统的故障诊断中，并主要用于系统的直流侧故障的精确检测来监控光伏电站的性能[56-58]。统计分析方法最常见的实现方式是为每个监控参数定义阈值，并将测量值与阈值限值（下限和上限）进行比较，以便对正常或故障情况做出决策，图 1-11 所示为基于统计分析的故障诊断方法示意图。根据大量不同故障类型的光伏组件的数据，采用回归、拟合等统计方法可以提取出不同类型故障对应的故障特征，再进一步以故障特征值作为故障指示值，能够有效地诊断并识别光伏系统中不同类型的光伏组件故障[59, 60]。

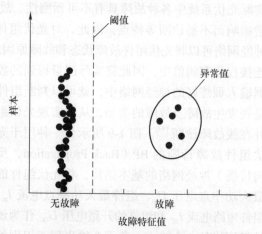

图 1-11　基于统计分析的故障诊断方法示意图

1.1.2.4　基于监控系统

监控系统对于保持光伏电站高水平的发电性能、减少停机时间和确保快速故障检测至关重要[61, 62]。监控系统能够评估光伏电站的运行并评估其是否按照预期运行以及发生故障时立即采取纠正措施。监控系统用于故障检测的关键是对太阳辐照度、环境（气象）条件和光伏系统的电气运行数据进行高质量的同步测量。这是通过在现场安装辐照度传感器和气象站来测量平面内或全局水平辐照度、环境空气温度来实现的。

使用监控系统的优势包括记录光伏系统的运行参数（电流、电压、功率、温度等）和快速检测异常操作行为。此外，由于大多数光伏电站覆盖大面积区域，使用人工现场访问方法（视觉检查和图像技术）检查每个阵列的性能既困难又耗时。光伏电站规模越大，就越需要一个系统来监控其性能并突出性能损失影响。气象站、逆变器、汇流箱和变压器的数据由数据记录器收集，并通过以太网、CAT5/6、RS-485 或 RS-232 电缆传递到监控站[63-65]。这些监控数据可用于光伏系统故障的早期检测，对于建立在偏远地区和山区的光伏电站，建立一个远程的监控系统对于保障光伏电站的正常运行和维护至关重要。因为监控系统的成本比较高，所以基于监控系统的方法只适合应用在大型光伏电站中，并不适合应用在小型的光伏系统中。对于光伏电站来说，使用基于监控系统的方法的优点是可以较全面地记录电站的运行状态，实时地对电站设备运行状态进行监测，快速地对故障做出反应和报警，缺点是无法诊断系统内部故障。

1.1.2.5　诊断方法总结

综合以上几种故障诊断方法，可以得出视觉诊断最为简单，但是需要耗费大量的时间，这对于故障的快速诊断性要求显然不满足，而且肉眼可检查到的故障类型有限。数据分析方法用于监测光伏电站故障都有其自身的优缺点和局限性。基于图像技术的方法一般需要昂贵的设备支撑，对于户用或小型分布式系统难以应用。数据分析故障诊断技术对于检测诸如逆变器、组串和组件缺陷、局部阴影和 MPPT 等故障是有效的。其中部分技术方法依据 I-V 跟踪器来在线识别光伏系统的故障。然而，I-V 测量需要额外的硬件配套设备，大部分逆变器目前暂不提供这些信息。基于数值分析的方法是识别光伏系统中诸如局部阴影、电池短路、旁路二极管和逆变器等故障的有效解决方案，可以提供预期功率的准确估计，检测响应快，分类精度高。但可能需要复杂的执行算法、大量的训练数据、长期的训练过程和大容量的数字处理器。另外难以获得能够覆盖所有可能的故障场景的训练数据集，也是一个无法忽视的应用限制。相比而言，用于故障检测的统计分析方法易于实现，并且不需要任何训练过程。这类方法对于识别线间、开路、局部阴影和老化故障是行之有效的。然而，这类方法不能从光伏阵列中识别个体故障组件，其故障诊断的定位精度稍显薄弱。基于监控系统的方法能够利用较全面的测量值反映光伏系统的运行状况，然而这种方法只适用于大型光伏系统，所需成本较高。

因此，最具成本效益的优化故障诊断解决方案还是取决于现场，并取决于光伏电站的架构（配置、安装的监控系统、可用设备、可用数据的质量等），不可一概而论。各种故障诊断方法的优缺点对比见表 1-1。另外，我们对文献中涉及的基于数据分析的故障诊断方法进行分类统计，如图 1-12 所示，其中 55% 的数据分析方法基于电特征分析（I-V 曲线、信号分析、功率损失和电路模型），31% 基于数值方法（机器学习），14% 基于统计分析方法。故障诊断的方法众多，因此需要进一步确定适合不同光伏系统的最有效和最合适的故障诊断解决方案，并在相同条件下对不同故障诊断方法的性能进行基准测试。

表 1-1　故障诊断方法对比

故障类型	方法的优势	方法的不足
视觉检测	操作简单，直观判断	耗时，肉眼可见的故障类型有限
基于成像技术	准确，可识别内部缺陷	需要专用设备，价格较昂贵
基于数据分析	在线诊断，灵活适用性强	需要获取源数据的硬件或软件
基于监控系统	功能全面，预警及时	成本高，仅适用于大型电站

如上所述方法，根据测量设备、数据质量和用于故障诊断的技术，每种方案都会产生不同的结果（检测能力），分类精度也各不相同。从现有应用的结果来看，很明显，基于数据分析的方法是最有前景的诊断工具，因为它们可以使用可用设备在故障发生时准确检测故障，并随后确定特定故障发生的概率。随着光伏产业的快速发展及大量光伏电站的投入使用，对于故障诊断的要求也会越来越高，在传统的诊断技术不断完善的同时，会不断出现新的诊断方法，未来可能会呈现出多种诊断技术融合的光伏系统故障综合诊断解决方案。

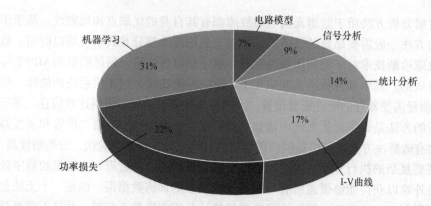

图 1-12　基于数据分析的故障诊断方法的统计分布图

1.1.3　光伏并网逆变器故障诊断方法

光伏并网逆变器是将光伏电池所输入的直流电转换成符合电网要求的交流电再接入电网的设备,是并网型光伏系统能量转换与控制的核心。光伏并网逆变器的性能不仅影响和决定整个光伏并网系统是否能够稳定、安全、可靠、高效运行,同时也是影响整个系统使用寿命的主要因素。相关研究显示,在光伏电站运行过程中逆变器系统故障比例占整体光伏电站常见故障的60%[66]。因此,对于逆变器故障进行及时的诊断和故障预警,可以减少故障停机次数,避免逆变器长时间停机造成系统的功率损失。由于光伏并网逆变器一般处在户外环境,功率开关管长期处于高频率开关状态的切换,这使得逆变器故障中开关管故障占了很大比重,根据调查表明,38%的逆变器故障为功率器件故障[67]。目前的逆变器产品中,功率开关器件、续流二极管、驱动电路、保护电路集成在一个模块中,当短路故障出现时,模块内部的保护电路会触发并工作,使得短路故障被快速隔离。因此逆变器故障诊断技术大多聚焦于开关器件开路故障。

传统故障诊断方法主要依赖于人工参与,这就导致了对于很多故障难以快速诊断,需要人为逐渐排除,一方面增加了诊断时间,另一方面提高了安全风险。当系统中存在多种类型故障或未知原因故障时,传统诊断方法无法实现系统性的综合故障诊断。为了应对传统故障诊断方法的不足,越来越多的研究借助智能处理器和丰富的监测数据,开始采用智能化的故障诊断方法。

逆变器智能化故障诊断流程主要包括两部分:一是故障特征提取,利用传感器设备获取所能监测的故障信号,例如电流、电压、温度、磁场强度等,并记录故障波形,然后通过信号处理方式提取这些故障信号的特征值,例如幅值、相位、有效值、平均值、傅里叶系数、小波系数等;二是分析故障特征值,判断故障位置或原因,通过对先前提取的故障信号的特征值进行分析,并根据智能算法找到对应的故障位置或者故障原因,实现故障诊断。目前主流的逆变器故障特征提取方法包括状态观测器法、参数估计法、矢量分析法、频谱分析法、小波分析法、主元分析法、

经验模态分解法等。现有的故障识别方法往往是结合人工智能实现故障特征的自动
分类和识别。典型方法包括神经网络、贝叶斯网络、支持向量机、模糊逻辑推理、
数据挖掘和专家经验等[68]。逆变器故障诊断方法的分类结构图如图 1-13 所示。

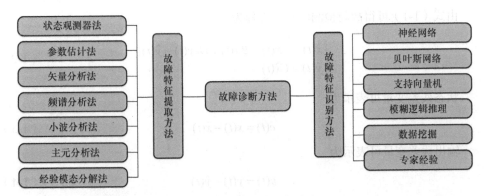

图 1-13　故障诊断方法分类

1.1.3.1　故障特征提取方法

1. 状态观测器法

基于状态观测器法的逆变器故障特征提取的基本思想是：基于数学模型设计逆
变器的状态观测器，通过比较观测器输出与逆变器真实输出，生成残差变量，再对
残差变量进行分析，实现逆变器的故障诊断。逆变器的控制系统及其状态观测器的
结构如图 1-14 所示。设计故障检测观测器时，不仅要保证观测器的稳定性，还要求
能够通过残差信号识别系统故障。对于含有噪声干扰的系统，还要考虑观测器具有
抗干扰和鲁棒性。

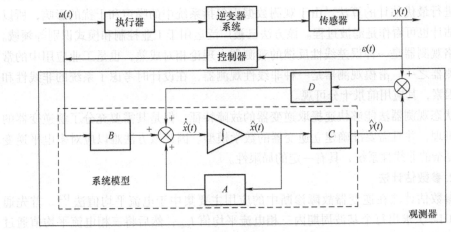

图 1-14　逆变器控制系统与观测器

设逆变器系统可表示为

$$\begin{cases} \dot{x}(t) = Ax(t) + Bu(t) \\ y(t) = Cx(t) \end{cases} \qquad (1\text{-}1)$$

由式（1-1）可得故障检测的观测方程为

$$\begin{cases} \dot{\hat{x}}(t) = A\hat{x}(t) + Bu(t) + D[y(t) - \hat{y}(t)] \\ \hat{y}(t) = C\hat{x}(t) \end{cases} \qquad (1\text{-}2)$$

状态残差变量可表示为

$$e(t) = x(t) - \hat{x}(t) \qquad (1\text{-}3)$$

输出残差变量可表示为

$$\varepsilon(t) = y(t) - \hat{y}(t) \qquad (1\text{-}4)$$

由此可得状态误差方程为

$$\dot{e}(t) = \dot{x}(t) - \dot{\hat{x}}(t) = Ax(t) + Bu(t) - A\hat{x}(t) - Bu(t) - D[y(t) - \hat{y}(t)] = (A - DC)e(t) \qquad (1\text{-}5)$$

输出误差方程为

$$\varepsilon(t) = y(t) - \hat{y}(t) = Ce(t) \qquad (1\text{-}6)$$

在获得输出残差变量后，设定阈值（恒定值或者可变值），通过检测残差是否超过阈值进而判断系统是否发生了相应的故障。一般来说，系统无故障时残差为接近于零的数值；当系统发生故障时，残差会大幅度偏离零值。

目前常用的状态观测器有卡尔曼滤波器[69]、龙伯格观测器[70]以及滑模观测器[71]。卡尔曼滤波器是一种利用线性系统状态方程，通过系统输入输出观测数据，对系统状态进行最优估计的算法。由于观测数据中包括系统中的噪声和干扰的影响，所以最优估计也可看作是滤波过程。该方法已被广泛运用于工业控制和模式识别等领域。龙伯格观测器是一种误差线性反馈的观测器，理论相对成熟，也是工业应用中的常用观测器之一。滑模观测器是一种非线性观测器，在设计时考虑了系统的非线性和干扰因素，其应用前景十分可观。

状态观测器法能够快速提取逆变器的故障特征，但是其需要充分了解逆变器的运行机理，并且需要准确建立逆变器的数学模型。因此该方法难以应对多电平逆变器等复杂的非线性系统，具有一定的局限性。

2. 参数估计法

参数估计法在逆变器故障诊断中的应用主要集中于电流平均值法[72]。首先通过式（1-7）求出每个基波周期内三相电流平均值 $I_{x\text{-av}}$，然后将三相电流平均值通过 Clark 变换得到 α-β 坐标系下平均值电流 $I_{\alpha\text{-av}}$ 和 $I_{\beta\text{-av}}$。

$$I_{x\text{-}av} = \frac{1}{N} \sum_{n=k}^{k+N-1} i_x(n) \tag{1-7}$$

式中，$x = a$，b，c；N 为一个基波周期内电流采样点总个数。

定义平均电流矢量为

$$I_{s\text{-}av} = I_{\alpha\text{-}av} + jI_{\beta\text{-}av} = |I_{s\text{-}av}| \angle \theta_{s\text{-}av} \tag{1-8}$$

式中，平均电流矢量的模和相角可表示为

$$\begin{cases} |I_{s\text{-}av}| = \sqrt{I_{\alpha\text{-}av}^2 + I_{\beta\text{-}av}^2} \\ \theta_{s\text{-}av} = \arctan\left(\dfrac{I_{\beta\text{-}av}}{I_{\alpha\text{-}av}}\right) \end{cases} \tag{1-9}$$

当逆变器处于健康状况时，一个基波周期内电流平均值接近于 0，所以平均电流矢量为零矢量。当某一功率开关管发生开路故障时，可以通过检测平均电流矢量模的值判断逆变器是否发生故障，再通过平均电流矢量相角值判断开关管开路故障位置，特征判断表见表 1-2。

表 1-2　平均电流矢量特征定位表

故障位置	$\theta_{s\text{-}av}$	故障位置	$\theta_{s\text{-}av}$
VT$_1$	$150° < \theta_{s\text{-}av} < 210°$	VT$_4$	$90° < \theta_{s\text{-}av} < 150°$
VT$_3$	$270° < \theta_{s\text{-}av} < 330°$	VT$_6$	$210° < \theta_{s\text{-}av} < 270°$
VT$_5$	$30° < \theta_{s\text{-}av} < 90°$	VT$_2$	$330° < \theta_{s\text{-}av} < 30°$

参数估计法无需建立逆变器的数学模型，只需要获取三相电流信号，算法实现较为方便。但是易受负载扰动和噪声的影响，并且没有滤波环节，抗干扰性差，在实际工程中容易出现误诊情况。

3. 矢量分析法

矢量分析法在逆变器故障诊断中的应用主要为电流矢量轨迹分析法[73]。首先将三相电流经过 Clark 变换得到电流矢量如下：

$$I_s = i_\alpha + ji_\beta = |I_s| \angle \theta_s \tag{1-10}$$

电流矢量的模和相角可表示为

$$\begin{cases} |I_s| = \sqrt{i_\alpha^2 + i_\beta^2} \\ \theta_s = \arctan\left(\dfrac{i_\beta}{i_\alpha}\right) \end{cases} \tag{1-11}$$

定义电流矢量轨迹斜率为

$$\psi = \frac{i_\alpha(k) - i_\alpha(k-1)}{i_\beta(k) - i_\beta(k-1)} \tag{1-12}$$

式中，$i_\alpha(k)$、$i_\beta(k)$ 分别为 i_α 和 i_β 在 k 时刻的采样值。

当逆变器为正常状态时，α-β 坐标系下的电流矢量轨迹形状为圆形，此时，其斜率值是一个变化量，当逆变器在不同开路故障状态下时，电流矢量轨迹呈现出不同形式的半圆，正常和故障状态下的电流矢量轨迹如图 1-15 所示。因此结合电流矢量轨迹斜率和极性就可以准确定位功率开关管开路故障的位置。

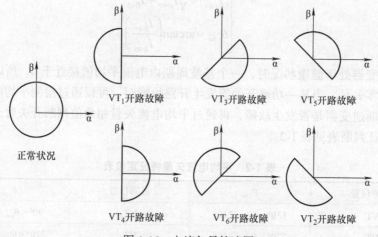

图 1-15　电流矢量轨迹图

矢量分析法也无需建立逆变器的数学模型，只需要获取三相电流信号，算法实现较为方便。但同样易受负载扰动和噪声的影响，抗干扰性差，在实际工程中容易出现误诊情况，并且只能针对单个功率开关管故障进行诊断。

4. 频谱分析法

频谱分析法主要指将逆变器系统输出的物理量从时域状态变换到频域状态，获得故障信号在频域下的各次频率分量，其主要特征为各次频率分量的幅值和相角。通过提取不同故障下故障信号的频谱特征，从而实现逆变器的故障诊断。目前运用于逆变器故障诊断的频谱分析法主要为傅里叶变换法 [74, 75]。图 1-16 是故障电流及其傅里叶变换结果。

频谱分析法应用于故障特征提取有利于获取故障信号的频域特征，适合对平稳信号进行处理。但是实际工程中逆变器在故障状态下输出的故障信号多为非平稳信号，因此用频谱分析法作为特征提取方法无法完整有效提取故障特征。并且原始故障信号经过傅里叶变换后舍弃了信号的时域特征，时域分辨率差会造成故障信息的损失。因此小波分析法逐渐取代频谱分析法成为目前主要的特征提取方法。

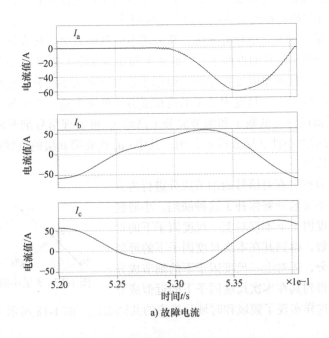

a) 故障电流

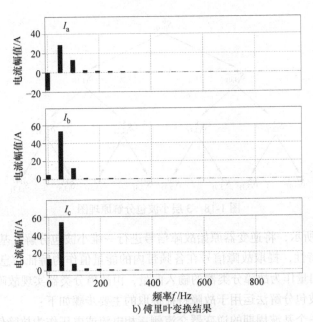

b) 傅里叶变换结果

图 1-16　三相故障电流及其傅里叶变换结果

5. 小波分析法

小波分析因能同时提供故障信号的时域和频域局部化信息，弥补了傅里叶变换不能同时描述故障信号时域和频域信息以及短时傅里叶变换在整个时频平面分辨率相同的缺点，在故障特征提取领域得到广泛应用[76, 77]。

小波分析是一种时 - 频分析方法，其采用小波基函数通过尺度因子和平移因子的变化识别并分离出信号的近似成分（低频）和细节成分（高频），其原理与窗口宽度自适应变化的加窗傅里叶变换相同。而基于多分辨率的小波分析是指不断变化尺度因子的大小实现对上一尺度因子下的近似成分（低频）进一步分解，得到本次尺度因子下的近似成分（低频）和细节成分（高频），可实现信号细节成分的尽限提取。图 1-17 所示为小波 3 层分析示意图，其中：a_n 代表第 n 层的低频信号；d_n 代表第 n 层的高频信号。

由于小波分析没有对信号的细节成分进行再分析和提取，而小波包分解弥补了这种缺陷。小波包分解在不同尺度因子下不仅对上一尺度因子下的近似成分进行分解，得到其在本次尺度因子下的近似成分和细节成分，还对上一尺度因子下的细节成分也进行分解，得到其在本次尺度因子下的近似成分

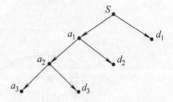

图 1-17　3 层小波分析原理图

和细节成分，这样实现了频域和时域分辨率的共同提高。图 1-18 所示为 3 层小波包分解原理图。

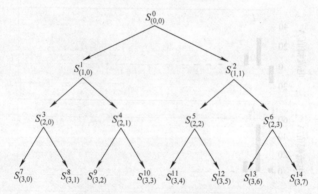

图 1-18　3 层小波包分解原理图

如图 1-19 所示，将逆变器原始故障信号进行一维小波包分解，基于信号能量在各频带的分布特性，提取故障信号在各频带内的能量值作为特征信息，以此组成有效的故障特征向量作为故障分类器的输入向量，由故障分类器实现故障定位。

目前将小波包分解法运用于故障特征提取的主要步骤如下：

（1）采样一个基波周期的逆变器交流侧三相电流或电压作为故障信号。

（2）对故障信号进行 n 层小波包分解，在节点（$j+1$, p）处的小波包系数由式（1-13）给出。其中 $h_0(k)$ 和 $h_1(k)$ 为一对共轭正交滤波器，可由小波基函数计算获得。

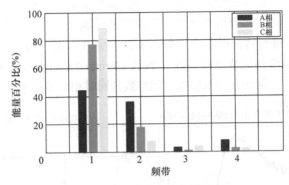

图 1-19　小波包分解结果

$$\begin{cases} d_{j+1}^{2p}(k)=d_j^p(k)\times\overline{h}_0(2k)=\displaystyle\sum_{m=-\infty}^{\infty}d_j^p(m)h_0(m-2k)\\[2mm] d_{j+1}^{2p+1}(k)=d_j^p(k)\times\overline{h}_1(2k)=\displaystyle\sum_{m=-\infty}^{\infty}d_j^p(m)h_1(m-2k) \end{cases} \quad (1\text{-}13)$$

（3）对节点（j，p）处的小波包系数 d_j^p 进行重构，得到该节点重构后的小波包系数 $D_{j,p}(k)$。

（4）根据式（1-14）求取第 n 层第 p 个节点处的能量值 $E_{n,p}$，其中 l 为一个基波周期采样的数据点个数。

$$E_{n,p}=\sum_{k=1}^{l}|D_{n,p}(k)|^2 \quad (1\text{-}14)$$

（5）根据式（1-15）获得每个频率区间能量值占总能量值的百分比 $T_{n,p}$，选取第 n 层前 s 个节点（$0<s<2^n$）的能量值百分比作为故障特征量。

$$\begin{cases} E_{\text{total}}=\displaystyle\sum_{p=1}^{2^n}E_{n,p}\\[2mm] T_{n,p}=\dfrac{E_{n,p}}{E_{\text{total}}} \end{cases} \quad (1\text{-}15)$$

通过以上步骤（1）~（5），对故障信号进行特征提取，获得的各频率区间的能量占比便可作为原始故障信号的特征值。

小波变换用于故障特征提取综合了时域分析和频域分析两种方法，能够有效提取故障信号的特征值，具有多分辨率分析、时频局部化等优良特性，其特征提取结果可信度高，数字实现容易，抗干扰性强，工程应用价值高。目前其存在的唯一缺点是小波基函数的选取较为困难，一般依靠经验进行确定。

6. 主元分析法

主元分析法的主要思想是：寻找一组新变量来代替原变量，新变量相对于原变量不仅维度要小，且新变量中的数据点足够代表原变量的关键信息，即能体现原变量应有特征。目前将主元分析法运用于故障特征提取主要有两种方案：一种是直接对逆变器故障信号进行特征提取[78]，如图1-20所示（以某一功率开关管故障为例）；另一种是对已提取得到的特征向量进行PCA（Princial Component Analysis，主成分分析）降维处理[79]，从而在降低输入空间维数的同时相对保留原有波形的重要信息。

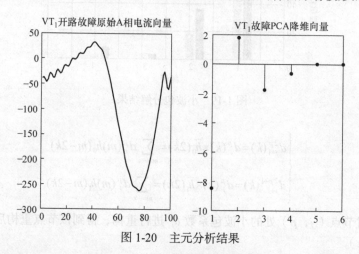

图 1-20   主元分析结果

目前将主元分析法运用于故障特征提取的主要步骤如下：

（1）设故障信号的采样点为 r 个，则一个故障波形数据向量可表示为 $x=(s_1, s_2, \cdots, s_r)^T$，其中，$s_n$ 表示第 n 个采样点数据。

（2）设用于训练的故障信号样本总数为 N，则总样本空间为 $(x_1, x_2, \cdots, x_N)$，再根据式（1-16）求取全体样本的平均值向量 m。

$$m = \frac{1}{N}\sum_{i=1}^{N}x_i \qquad (1\text{-}16)$$

（3）根据全体样本的平均值向量 m，计算样本的协方差 C_X，如式（1-17）所示。

$$\begin{cases} C_X = \dfrac{1}{N}\sum_{i=1}^{N}(x_i-m)^T(x_i-m)=X^TX \\ X = \dfrac{1}{\sqrt{N}}[(x_1-m),(x_2-m),\cdots,(x_N-m)] \end{cases} \qquad (1\text{-}17)$$

（4）选取样本的协方差矩阵前 l 大的特征值和所对应的特征向量构成转换矩阵 A，如式（1-18）所示。

$$\begin{cases} u_i = \dfrac{1}{\sqrt{\lambda_i}}Xv_i \qquad i=1,2,\cdots,l \\ A = (u_1,u_2,\cdots,u_l) \end{cases} \qquad (1\text{-}18)$$

（5）将每组故障波形数据向量通过式（1-19）获得新的降维向量 y，实现对原始故障数据的降维处理。

$$y_i = A^T x_i \qquad i = 1, 2, \cdots, N \qquad (1\text{-}19)$$

通过以上步骤（1）~（5），对逆变器故障信号或已提取的特征向量分别进行降维，获得的新的降维向量便可作为新的特征向量。

主元分析法用于故障特征提取能够简化故障分类器的结构，降低诊断时间，数字实现容易。但是其为线性变换过程，无法有效应对非线性系统。且当逆变器系统存在负载波动以及噪声干扰时，其特征提取结果可信度较低，抗干扰性差。因此可结合主元分析法与其他特征提取方法，实现综合运用，以此提高诊断系统的可靠性。

7. 经验模态分解法

从物理层面而言，如果瞬时频率有意义，那么函数必须是对称的，局部均值为零，并且具有相同的过零点和极值点数目，称之为本征模式量（Intrinsic Mode Function, IMF）。理论上，任何信号都可以由多个不同的 IMF 组成，即任何信号都可以通过经验模态分解（Empirical Mode Decomposition, EMD）算法获得有限个本征模式分量，因此 IMF 可用于构建信号的特征值[80]。

目前将 EMD 算法运用于故障特征提取的主要步骤如下：

（1）确定信号所有的局部极值点，然后用三次样条线将左右的局部极大值点或极小值点连接起来形成上、下包络线。上、下包络线应该包络信号所有的数据点。

（2）上、下包络线的平均值记为 $m_1(n)$，通过式（1-20）得到 $h_1(n)$，其中 $x(n)$ 为原始采样信号，如果 $h_1(n)$ 是一个 IMF，则 $h_1(n)$ 为第一个 IMF 分量。

$$h_1(n) = x(n) - m_1(n) \qquad (1\text{-}20)$$

（3）如果 $h_1(n)$ 不满足 IMF 的条件，把 $h_1(n)$ 作为原始数据，重复步骤（1）得到上、下包络线的平均值 $m_{11}(n)$，再通过式（1-20）求得 $h_{11}(n)$，并判断是否满足 IMF 条件，如果不满足，则继续循环 k 次，得到 $h_{1k}(n)$，直至 $h_{1k}(n)$ 满足 IMF 条件。记 $c_1(n) = h_{1k}(n)$，则 $c_1(n)$ 为原始信号 $x(n)$ 的第一个满足 IMF 条件的分量。

（4）通过式（1-21）将 $c_1(n)$ 从原始信号 $x(n)$ 中分离出来得到新的原始数据 $r_1(n)$ 并重复步骤（1）~（3），得到 $x(n)$ 的第 2 个满足 IMF 条件的分量 $c_2(n)$。重复循环 l 次，得到信号 $x(n)$ 的 l 个满足 IMF 条件的分量。"筛选"过程的停止准则可以通过限制两个连续的 IMF 之间的标准差 S_d 的大小来实现，一般当 $S_d < 0.3$ 时分解过程停止。

$$r_1(n) = x(n) - c_1(n) \qquad (1\text{-}21)$$

（5）依次计算 l 个 IMF 的样本熵，用以构成特征向量。

EMD 算法用于故障特征提取能够有效应对非线性、非平稳系统，抗干扰能力强。但 EMD 算法需要截取更多的故障数据或需要采用周期拓展的方法来解决信号端点极值难以采集的问题，因此算法较为复杂。并且 EMD 属于递归式分解，易出现模态混叠，目前也有研究采用变分模态分解（Variational Mode Decomposition，VMD）代替 EMD 算法作为故障特征提取方法。

8. 几种故障特征提取方法的比较

对 7 种故障特征提取方法从应用系统、诊断时间、算法实现难易度、抗干扰性、准确度和数据量需求 6 个方面进行比较，结果见表 1-3。

表 1-3　故障特征提取方法比较

特征提取方法	诊断时间	算法实现难易度	抗干扰性	准确度	数据量需求	应用系统
状态观测器法	快	中等	一般	中等	少	线性
参数估计法	中等	容易	弱	低	少	弱干扰
矢量分析法	慢	容易	弱	低	少	弱干扰
频谱分析法	中等	容易	一般	中等	中等	平稳系统
小波分析法	中等	容易	强	高	中等	任何系统
主元分析法	快	容易	一般	中等	中等	弱干扰
经验模态分解法	慢	中等	强	高	多	任何系统

对于光伏并网逆变器系统而言，由于故障后所能保存的实际有效数据较少，并且干扰信号较多，若想在最大程度上保证故障诊断的准确性，应优先选择抗干扰能力强的小波分析法作为故障特征提取方法。在已有故障数据量非常少，但逆变器数学模型可以准确建立的系统中，可优先选择观测器法。

1.1.3.2　故障特征识别方法

1. 神经网络

神经网络因其具有良好的学习能力和泛化能力，并且无需事先了解其系统输入输出对应的逻辑关系，因此在故障诊断领域得到广泛应用。基于神经网络的故障诊断方法是指运用神经网络对已经提取完成的故障特征值样本库进行训练与学习，不断调整自身权值和阈值矩阵，建立故障特征和故障类型之间的映射关系，这种映射关系是类"黑箱"结构的输入输出对应关系。在神经网络模型建立完成后，便可以将实时故障信号的特征值作为模型的输入量，模型的输出为对应的故障类型，从而实现故障诊断。

BP 神经网络模型具有良好的非线性映射能力，且具有一定程度的泛化能力，在实际工程中备受青睐。其结构图如图 1-21 所示。

采用 BP 神经网络作为故障特征识别模型，利用已经构建好的特征量样本数据库作为训练数据和测试数据，在训练并测试好神经网络模型后，将实时故障特征向量作为神经网络模型的输入向量，其输出为开关管开路故障位置编码，以此实现逆变器故障定位。但是 BP 神经网络对初始权值和阈值比较敏感且存在局部极小值问题，因此可以采用粒子群算法寻优获得更好的 BP 网络初始权值和阈值，使神经网络的训练结果更加逼近期望，同时减少了神经网络的训练时间，增加了其故障识别准确率[81]。另外，也可以利用遗传算法的全局优化性能对 BP 神经网络的权值和阈值进行优化，避免传统 BP 网络训练时容易陷入局部极小值和学习速度慢等问题，提高了诊断的速度和正确率，同时，解决了逆变器某些单管开路与双管同时开路时故障特征值几乎一致的难题[82]。

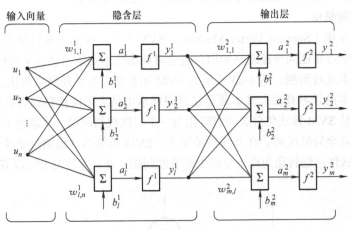

图 1-21　BP 神经网络结构

神经网络运用于故障识别无需了解逆变器的数学模型，能够通过学习准确映射故障特征与故障类型之间的对应关系，故障识别准确率高，抗干扰能力强。但是神经网络识别的准确率比较依赖样本数据库的准确性和完整性，也无法应对未知情形的发生，即不具有推理能力，因此在故障原因推理与分析领域具有一定局限性。

2. 贝叶斯神经网络

贝叶斯神经网络（Bayesian Neural Network，BNN）具有强大的不确定性问题处理能力。其用条件概率表达各个信息要素之间的相关关系，能在有限的、不完整的、不确定的信息条件下进行学习和推理。在故障诊断领域，贝叶斯神经网络能有效地进行多源信息表达与融合。贝叶斯神经网络可将故障诊断与维修决策相关的各种信息纳入网络结构中，按节点的方式统一进行处理，能有效地按信息的相关关系进行融合。图 1-22 所示为一个简单而典型的贝叶斯神经网络示例。

以逆变器输出侧的三相电流和电压为故障信号，通过特征提取方法提取故障特征值，然后使用贝叶斯参数估计法融合故障特征量得到

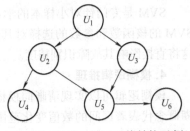

图 1-22　贝叶斯神经网络结构示例

信息互补的新的特征向量，最后利用贝叶斯神经网络作为故障分类器对融合后的新的特征向量进行识别，对不同观测值情况下的最大后验概率估计结果进行信息融合并做出决策，进而完成故障诊断[83]。

由于贝叶斯神经网络是用条件概率表达网络输入量和输出量之间的关系，因此将其用作逆变器故障特征识别能够准确识别故障类型，并且其具有推理能力，能够表达不确定性故障。贝叶斯神经网络也可以用作信息融合，能够进一步提高故障诊断的准确性和可靠性。但是贝叶斯神经网络参数的设置需要相关领域的专家经验，也比较依赖故障集和特征集的完整性，表现出一定局限性。

3. 支持向量机

支持向量机（Support Vector Machine，SVM）是一种基于统计学理论的机器学习算法，其学习原理同神经网络相似，通过对训练样本的学习进而掌握样本的特征，并对未知样本进行预测，图 1-23 所示为 SVM 示意图。与神经网络相比，SVM 是专门针对小样本的学习算法，其本质是在有限样本中最大限度挖掘隐含在数据中的分类信息；并且 SVM 算法将分类问题转化为一个二次规划问题，从理论上保证通过分类得到的解是全局最优解；在非线性情况下，SVM 也能巧妙地通过非线性变换将原空间中的非线性问题转化为高维空间中的线性问题，并且算法复杂度没有增加[84]。

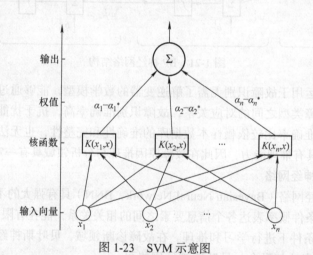

图 1-23　SVM 示意图

SVM 是专门针对小样本的学习算法，其对样本数据库的完整性依赖较小。但是 SVM 的核函数和参数的选择对其分类性能影响较大，因此其对模型参数较为敏感，这将直接影响其故障识别精度。

4. 模糊逻辑推理

模糊逻辑可以实现清晰向模糊的转换，清晰概念代表着区间的两个端点，而模糊概念代表区间的数值变化范围。人脑的思维总是包含着对待某种事物认知的可能性，而模糊逻辑最能代表人脑思维，因此在故障诊断领域模糊逻辑推理的应用价值很可观。模糊逻辑推理在故障诊断领域的应用主要通过专家经验设定隶属函数以及模糊规则建立故障识别模型。模糊逻辑推理模型如图 1-24 所示。其主要原理为：将已提取的特征量作为模型的输入量，并执行清晰向模糊的转换；通过模糊规则推理，其输出也为模糊量；最后将模型输出的模糊量经过模糊向清晰的转换形成故障编码。

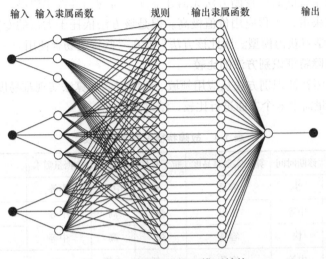

图 1-24　模糊逻辑推理模型结构

　　模糊逻辑推理用于故障识别能够有效解释故障特征和故障类型之间的对应关系，且具有语言表达的能力，数字化实现方便。但是其不具有学习能力，模糊规则和隶属函数的确立都依赖于专家经验，可以通过将模糊推理与聚类算法或神经网络相结合以解决这一问题 [85, 86]。

5. 数据挖掘

　　目前数据挖掘用于故障诊断的方法主要集中于聚类算法。聚类算法的主要原理是根据"最小化类间的相似性，最大化类内的相似性"原则，将数据项分组成多个类或簇。因此当不同故障之间的特征较为明显时，利用聚类算法可以有效理清故障特征，识别出故障位置。图 1-25 所示为聚类算法示意图。

　　目前聚类算法在逆变器故障诊断领域应用并不广泛，因为其需要海量的逆变器运行数据支持。在故障预测领域，该方法的应用前景更

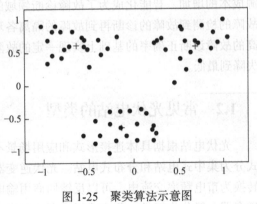

图 1-25　聚类算法示意图

加广阔[87]。

6. 专家系统

基于专家系统故障诊断方法的基本思想是：依据专家在故障诊断领域积累的故障分析经验和知识，建立专家知识库。然后将专家知识库以计算机语言表述出来，根据提取的故障特征值，通过分析、推理与决策得到最终的诊断结果。

基于专家系统的故障诊断方法无需建立逆变器的精确数学模型，并且可用于故障隔离措施的决策，工程应用价值极高。但是该方法依托于大量的专家经验，并且无法通过机器学习获得模型。因此该方法只能在一些特定场合使用。

7. 几种故障特征识别方法的比较

对 6 种故障特征识别方法从应用领域、诊断时间、算法实现难易度、抗干扰性、准确度和数据量需求 6 个方面进行比较，结果见表 1-4。

表 1-4　故障特征识别方法比较

特征识别方法	诊断时间	算法实现难易度	抗干扰性	准确度	数据量需求	应用领域
神经网络	快	容易	一般	中等	中等	故障定位
贝叶斯神经网络	中等	中等	强	高	中等	故障定位
支持向量机	快	容易	强	高	中等	故障定位
模糊逻辑推理	中等	容易	一般	中等	少	原因分析
数据挖掘	慢	容易	一般	中等	多	故障定位
专家系统	快	中等	一般	中等	少	故障定位/原因分析

在光伏并网逆变器系统中，若想快速准确地实现故障的定位，应优先选择支持向量机作为故障特征识别方法。在处理器内存和性能不足的情况下，若也想要对故障原因进行分析，则应优先选择模糊逻辑推理。

随着光伏产业的快速发展，对于逆变器故障诊断的需求越来越高，由于人力资源成本的增加，智能化成为了故障诊断领域的主要发展趋势。所谓智能化，便是从故障的检测到故障的诊断再到故障的隔离各环节都要实现无人工干预，在确保足够高的故障诊断正确率的基础上实现一定的故障预警功能，确保将故障带来的经济损失降到最低。

1.2　常见光伏电站的类型

光伏电站根据具体连接形式和应用场景不同，依据光伏组件与逆变器的连接方式分为集中式电站和分布式电站。光伏逆变器可以将光伏组串产生的可变直流电压转换为市电频率交流电，可以反馈回商用输电系统，或是供离网的电网使用。光伏逆变器一般分为三类：集中式逆变器、组串式逆变器和微型逆变器。具体来看，应用场景差异主要如下：

（1）集中式逆变器：大型地面、水面、工商业屋顶（500 ~ 3400kW）。

（2）组串式逆变器：小型分布式和地面电站、工商业屋顶、复杂山丘（20 ~ 320kW，目前最大为 320kW）、户用（20kW 以下），具有组串级 MPPT 功能。

（3）微型逆变器：单体容量一般在 1kW 以下，具有组件级 MPPT 功能。

根据光伏系统的装机容量和并网类型可以对光伏电站的类型进一步划分为：独立光伏发电系统、分布式并网光伏发电系统以及集中式并网光伏发电系统。其中，独立光伏发电系统又称为离网光伏系统，其不接入电网，采取完全的自发自用模式，光伏组件发电可直接使用，多余电能通过蓄电池储存，功率等级较小，一般小于0.5MW，独立光伏发电系统的结构示意图如图 1-26 所示。具体应用如太阳能路灯、船用光伏发电系统，如图 1-27 所示。

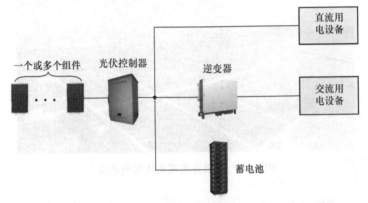

图 1-26 独立光伏发电系统的结构示意图

a) 太阳能路灯

b) 船用光伏发电系统

图 1-27 独立光伏发电系统的应用

分布式并网发电系统通常是指利用分散式资源、装机规模较小、布置在用户附近的发电系统，它一般接入 0.4 ~ 35kV 电压等级的电网，其容量可大可小，目前分布式电站容量最大达到 20MW。目前应用最为广泛的分布式光伏电站系统是建在城市建筑物屋顶的光伏发电系统。该类系统必须接入公共电网，与公共电网一起为附近的用户供电。图 1-28 所示为屋顶分布式光伏电站的场景图，分布式光伏发电可以合理利用工商业屋顶及各类建筑，使得光伏发电应用规模越来越广。不同于集中式并网发电系统的集中式逆变器，分布式并网发电系统多采用组串式结构的逆变器，能够实现组串级 MPPT，其结构示意如图 1-29 所示。

图 1-28　屋顶分布式光伏发电系统

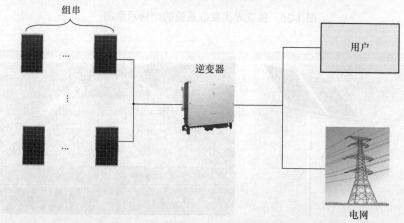

图 1-29　分布式并网光伏发电系统的结构示意图

　　集中式并网光伏发电系统通常是指在地面大规模集中建设的太阳能光伏发电站，装机规模在 20MW 及以上，直接接入 35 ~ 110kV 或更高电压等级的电网，充分利用远离人类活动区域广阔的空间和相对稳定的太阳能资源构建大型光伏电站，接入高压输电系统，由电网统一调配向用户供电。集中式光伏电站建设点一般都是在高原、沙漠、荒地、山坡、水面等地。集中式光伏电站通常由光伏组件系统、逆变并网系统以及智能监控系统三部分组成。其系统结构如图 1-30 所示，光伏组件通过串并联构成光伏阵列，而后通过集中式逆变器并入电网。实际集中式光伏电站场景图如图 1-31 所示。

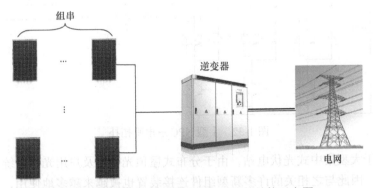

图 1-30　集中式并网光伏发电系统的结构示意图

图 1-31　集中式并网光伏发电系统实际场景图

值得一提的是，由于中点钳位（NPC）三电平逆变器能获得更低的输出谐波和更高的效率，因此 NPC 三电平拓扑结构在光伏并网逆变器设计中显现出诸多优越性，并逐步成为光伏逆变器的主流电路拓扑，图 1-32 所示为Ⅰ型 NPC 三电平拓扑，组串式逆变器和集中式逆变器的主流产品多采用该类型拓扑。

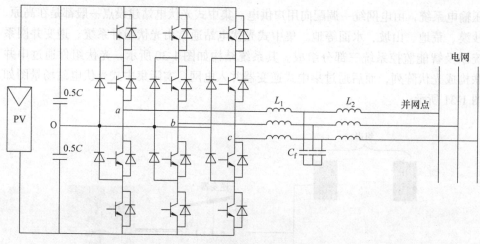

图 1-32　Ⅰ型 NPC 三电平拓扑

不同于大型集中式光伏电站，由于分布式屋顶光伏以及户用光伏系统涉及人身财产安全，因此与之相关的许多新型组件连接装置也被越来越多地使用，包括功率优化器、微型逆变器以及快速关断器等。

1. 功率优化器

由于单个光伏组件的电压较小，传统的组串式结构逆变器通常由若干个光伏组件经过串联构成光伏组串，光伏组串接入逆变器，实现光伏组串级 MPPT。为克服传统光伏组串失配引起整个组串的功率下降，在每个光伏组件后连接一个功率优化器，其本质为一个 DC-DC 变换电路，调节失配光伏组件的电压、电流，使得组串的工作电流仍工作在最大功率点（MPP）电流，只有失配光伏组件功率减小，其他组件不受影响，保证整个系统输出较高功率。带有优化器结构的光伏系统结构如图 1-33 所示，组串中的每个组件都连接一个优化器，在 DC-DC 变换器作用下使得每个组件输出保持在最优状态，可有效避免阴影遮挡等失配故障造成的"木桶效应"。

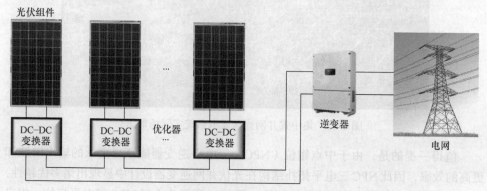

图 1-33　带有优化器结构的分布式光伏系统结构示意图

功率优化器的主电路拓扑分为：Buck（降压）型、Boost（升压）型和 Buck-Boost（升降压）型。图 1-34 所示为几种优化器电路拓扑原理图。

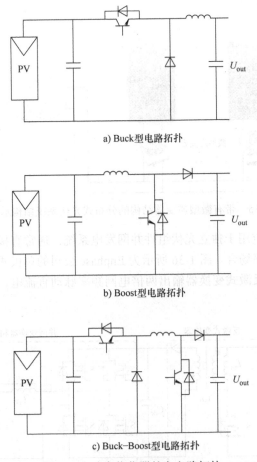

a) Buck型电路拓扑

b) Boost型电路拓扑

c) Buck-Boost型电路拓扑

图 1-34　功率优化器的主电路拓扑

Buck 型电路只能实现"降压升流"，使用 Buck 型电路作优化器的主电路，会导致光伏阵列的输出电压降低，为了使所有光伏组件都能工作在各自的最大功率点，串联光伏组件的总输出电流等于所有光伏组件中输出电流最大的组件电流；Boost 型电路与 Buck 型电路相反，总输出电流受限于所有光伏组件中输出电流最小的光伏组件；为了使优化器在实现光伏组件的各自 MPPT 的同时，保证输出电压稳定，光伏优化器通常设计为 Buck-Boost 型电路。

2. 微型逆变器

传统的光伏组串直流电压高，存在安全隐患，且抗阴影性差，微型逆变器系统中每块光伏组件独立接入逆变器（DC-AC），使得系统的最高直流电压为光伏组件的开路电压，大约为 40V，安装使用过程中非常安全，可独立进行 MPPT，大大提高了系统的发电效率。带有微型逆变器结构的分布式光伏系统结构如图 1-35 所示，微型逆变器的使用使得光伏系统具有更高的安全性，且具有组件级 MPPT 功能，能进一步提高系统的发电量。

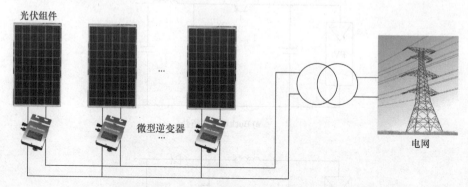

图 1-35　带有微型逆变器结构的分布式光伏系统结构示意图

微型逆变器多应用于独立光伏组件并网发电系统，通常直接与单块光伏组件相匹配，适用于小功率场合。图 1-36 所示为 Enphase 公司的单极式微型逆变器拓扑结构，该电路由前级反激式变换器输出两倍电网频率脉动直流电，经后级工频反转进行并网。

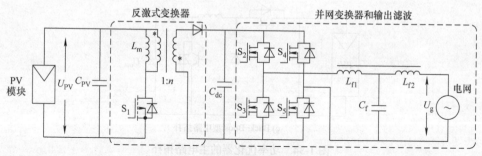

图 1-36　反激式微型逆变器拓扑结构

3. 快速关断器

传统的光伏组串直流电压高，屋顶分布式光伏发电系统通风散热条件差，为保障人身财产安全及减小火灾风险，在每个光伏组件两端并联一个快速关断器（RSD），当组件发生异常时使光伏组件快速断开，保证系统最高直流电压为光伏组件的开路电压，大约为 40V。带有快速关断器的分布式光伏系统结构如图 1-37 所示，具有组件级快速关断功能，有效规避火灾等风险，使得安全性提高。

图 1-38 所示为快速关断器的一般拓扑结构，通过控制与光伏组件串并联的两个开关管的导通和关断，可以控制光伏组件正常工作以及从串联回路中断开，从而实现组件快速关断的目的。

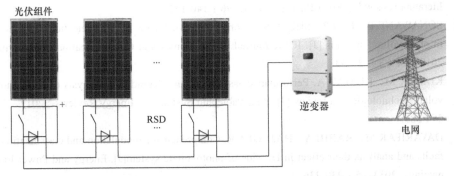

光伏组件

RSD

逆变器

电网

图 1-37 带有快速关断器结构的分布式光伏系统结构示意图

组件优化装置的配合使用使得光伏组串的连接结构和光伏组件的输出特性有所不同。同时以上装置的使用，极大地增加了光伏组件的可用状态信息，与通信功能组合，还可用于监控各个组件的状态，检测出故障组件，能够实现组件级故障的精准定位与故障识别。

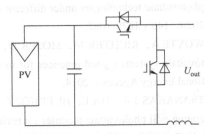

PV U_{out}

图 1-38 快速关断器电路拓扑结构

1.3 本章小结

本章主要介绍了光伏技术的发展以及典型的故障检测方法。光伏系统故障的准确识别对于进一步提高系统可靠性和降低投资风险至关重要。如今，对运行中的光伏系统实施故障诊断是一种必要的举措，通过采取及时的纠正措施来确保最佳的电能收益和可靠的电力生产，从而在故障发生时最大限度地减少发电量损失，根据实际光伏电站的类型采取合适的故障诊断策略是优化运维的重中之重。

参考文献

[1] 王蕾，裴庆冰.全球能源需求特点与形势 [J].中国能源，2018，40（9）：13-18.

[2] 李洪言，赵朔，刘飞，等.2040 年世界能源供需展望——基于《BP 世界能源展望（2019 年版）》[J].天然气与石油，2019，37（6）：1-8.

[3] 王立伟.美国能源信息署发布《国际能源展望 2019》报告 [J].天然气地球科学，2019，30（11）：1628.

[4] REN21. Renewables 2020 Global Status Report [R]. International Renewable Energy Agency，2020.

[5] IEA. World Energy Outlook 2019 [R]. International Energy Agency，2019.

[6] 吕建中.关于"十四五"期间中国能源政策的几个问题 [J].世界石油工业，2020，27（1）：2-6.

[7] NDIAYE A，CHARKI A，KOBI A，et al. Degradations of silicon photovoltaic modules : a

literature review [J]. Solar Energy, 2013, 96 : 140-151.

[8] SONAWANE P, JOG P, SHETE S. A comprehensive review of fault detection & diagnosis in photovoltaic systems [J]. IOSR Journal of Electronics and Communication Engineering, 2019, 14（3）: 31-43.

[9] KUMAR M, KUMAR A. Performance assessment and degradation analysis of solar photovoltaic technologies : a review [J]. Renewable and Sustainable Energy Reviews, 2017, 78 : 554-587.

[10] DAVARIFAR M, RABHI A, HAJJAJI A R. Comprehensive modulation and classification of faults and analysis their effect in DC side of photovoltaic system[J]. Energy and Power Engineering, 2013, 5 : 230-236.

[11] NASCIMENTO L R, BRAGA M, CAMPOS R A, et al. Performance assessment of solar photovoltaic technologies under different climatic conditions in Brazil[J]. Renewable Energy, 2020, 146 : 1070-1082.

[12] WOYTE A, RICHTER M, MOSER D, et al. Analytical monitoring of grid-connected photovoltaic systems : good practices for monitoring and performance analysis[C]//IEA International Energy Agency, 2014.

[13] TSANAKAS J A, HA L, BUERHOP C. Faults and infrared thermographic diagnosis in operating c-Si photovoltaic modules : a review of research and future challenges[J] Renew. Sustain. Energy Rev, 2016 62 : 695-709.

[14] KOCH S, WEBER T, SOBOTTKA C, et al. Outdoor electroluminescence imaging of crystalline photovoltaic modules : comparative study between manual ground - level inspections and drone-based aerial surveys[C]//32nd European Photovoltaic Solar Energy Conference and Exhibition, 2016.

[15] BUERHOP C, SCHLEGEL D, NIESS M, et al. Reliability of IR-imaging of PV-plants under operating conditions[J]. Sol. Energy Mater. Sol. Cells, 2012, 107 : 154-164.

[16] KAPLANI E, Detection of degradation effects in field-aged c-Si solar cells through IR thermography and digital image processing[J]. Int. J. Photoenergy, 2012 : 1-11.

[17] ZHAO Y, BALL R, MOSESIAN J, et al. Graph-based semi-supervised learning for fault detection and classification in solar photovoltaic arrays[J]. IEEE Trans. Power Electron, 2015, 30（5）: 2848-2858.

[18] GAROUDJA E, CHOUDER A, KARA K, et al. An enhanced machine learning based approach for failures detection and diagnosis of PV systems[J]. Energy Convers. Manag, 2017, 151 : 496-513.

[19] PLATON R, MARTEL J, WOODRUFF N, et al. Online fault detection in PV systems[J]. IEEE Trans. Sustain. Energy, 2015, 6（4）: 1200-1207.

[20] ZHAO Y, LEHMAN B, BALL R, Outlier detection rules for fault detection in solar photovoltaic arrays[C]//28th Annu. IEEE Appl. Power Electron. Conf. Expo, 2013.

[21] LIVERA A, MAKRIDES G, SUTTERLUETI J, et al. Advanced failure detection algorithms and performance decision classification for grid-connected PV systems[C]//33rd European Photovoltaic Solar Energy Conference and Exhibition, 2017.

[22] GOKMEN N, KARATEPE E, SILVESTRE S, et al. An efficient fault diagnosis method for PV systems based on operating voltage-window[J]. Energy Convers. Manag. 2013, 73 : 350-360.

[23] TRIKI-LAHIANI A, BENNANI-BEN A ABDELGHANI et al. Fault detection and monitoring systems for photovoltaic installations : a review[J]. Renew. Sustain. Energy Rev. 2018, 82 : 2680-2692.

[24] PILLAI D S, RAJASEKAR N. A comprehensive review on protection challenges and fault diagnosis in PV systems, Renew. Sustain. Energy Rev, 2018, 91 : 18-40.

[25] DALIENTO S, et al. Monitoring, diagnosis, and power forecasting for photovoltaic fields : a review[J]. Int. J. Photoenergy, 2017.

[26] MADETI S R, SINGH S N. A comprehensive study on different types of faults and detection techniques for solar photovoltaic system[J]. Sol. Energy, 2017, 158 : 161-185.

[27] CHOKOR A, EL ASMAR M, LOKANATH S V. A review of photovoltaic DC systems prognostics and health Management : challenges and opportunities[C]//Annu. Conf. Progn. Heal. Manag. Soc, 2016.

[28] GREEN M. Improving efficiency of PV systems using statistical performance monitoring[J]. IEA International Energy Agency, 2017.

[29] MELLIT A, TINA G M, KALOGIROU S A. Fault detection and diagnosis methods for photovoltaic systems : a review, Renew[J]. Sustain. Energy Rev, 2018, 91（3）: 1-17.

[30] DAVARIFAR M, RABHI A, EL-HAJJAJI A, et al. Real-time model base fault diagnosis of PV panels using statistical signal processing[C]//Proc. 2013 Int. Conf. Renew. Energy Res. Appl. ICRERA 2013, 2013 : 599-604.

[31] KONTGES M, et al. Performance and reliability of photovoltaic systems, subtask 3.2 : review of failures of photovoltaic modules[J]. IEA International Energy Agency, 2014.

[32] KOPP E S, LONIJ V P, BROOKS A E. I-V curves and visual inspection of 250 PV modules deployed over 2 years in tucson[C]//38th IEEE Photovoltaic Specialists Conference, PVSC 2012, 2012.

[33] HU Y, et al. Online two-section PV array fault diagnosis with optimized voltage sensor locations[J]. IEEE Trans. Ind. Electron, 2015, 62（11）: 7237-7246.

[34] TSANAKAS J A, CHRYSOSTOMOU D, BOTSARIS P N, et al. Fault diagnosis of photovoltaic modules through image processing and Canny edge detection on field thermographic measurements[J]. Int. J. Sustain. Energy, 2015, 34（6）: 351-372.

[35] HASSAN M, RABHI A, EL A, et al. Real time fault detection in photovoltaic systems[J]. Energy Proc. 111, 2017 : 914-923.

[36] VERGURA S, ACCIANI G, FALCONE O. A finite-element approach to analyze the thermal effect of defects on silicon-based PV cells[J]. IEEE Trans. Ind. Electron, 2012, 59（10）: 3860-3867.

[37] EBNER R, KUBICEK B, UJVARI G. Non-destructive techniques for quality control of PV modules : infrared thermography, electro- and photoluminescence imaging[C]//I39th Annual Conference of the IEEE Industrial Electronics Society, ECON 2013, 2013.

[38] LIVERA A，FLORIDES M，THERISTIS M，et al. Failure diagnosis of short- and open-circuit fault conditions in PV systems[C]//45th IEEE Photovoltaic Specialist Conference，PVSC 2018，2018.

[39] JONES C B，et al. Automatic fault classification of photovoltaic strings based on an in situ I-V characterization system and a Gaussian process algorithm[C]//43rd IEEE Photovoltaic Specialists Conference，PVSC 2016，2016.

[40] SILVESTRE S，SILVA DA M A，CHOUDER A，et al. New procedure for fault detection in grid connected PV systems based on the evaluation of current and voltage indicators[J]. Energy Convers. Manag，2014，86（10）：241-249.

[41] 胡义华，陈昊，徐瑞东. 基于最优传感器配置的光伏阵列故障诊断 [J]. 中国电机工程学报，2011（33）：21-32.

[42] P T，Z J，Li L et al. A fault locating method for PV arrays based on improved voltage sensor placement[J]. Solar Energy，2020，201：279-297.

[43] 胡义华，邓焰，何湘宁. 光伏阵列故障诊断方法综述 [J]. 电力电子技术，2013（03）：27-29.

[44] TAKUMI J M. Fault detection by signal response in PV module strings[J]. IEEE Photovoltaic Specialists on Industrial Electronics. San Diego，CA，USA：IEEE，2008：1-5.

[45] TAKASHIMA T，YAMAGUCHI J，OTANI K，et al. Experimental studies of fault location in PV module strings[J]. Sol. Energy Mat. Sol. C. 2009，93（67）：1079-1082.

[46] TAKUMI T，JUNJI Y，MASAYOSHI I. Disconnection detection using earth capacitance measurement in photovoltaic module string[J]. Progress in Photovoltaics，2008，16（8）：669-677.

[47] ANDO B，BAGLIO S，PISTORIO A，et al. Sentinella：smart monitoring of photovoltaic systems at panel level[J]. IEEE Trans. Instrum. Meas，2015，64（8）：2188-2199.

[48] CHOUDER A，SILVESTRE S，Automatic supervision and fault detection of PV systems based on power losses analysis[J]. Energy Convers. Manag，2010，51（10）：1929-1937.

[49] CHINE W，MELLIT A，PAVAN A M，et al. Fault diagnosis in photovoltaic arrays[C]//2015 Int. Conf. Clean Electr. Power，2015：67-72.

[50] SILVESTRE S，CHOUDER A，KARATEPE E. Automatic fault detection in grid connected PV systems[J]. Sol. Energy 94，2013：119-127.

[51] SYAFARUDDIN H T，KARATEPE E，Controlling of artificial neural network for fault diagnosis of photovoltaic array[C]//16th International Conference on Intelligent System Applications to Power Systems，2011.

[52] CHENG Z，ZHONG D，LI B，et al. Research on fault detection of PV array based on data fusion and fuzzy mathematics[C]. 2011 Asia-Pacific Power and Energy Engineering Conference，2011.

[53] DUCANGE P，FAZZOLARI M，LAZZERINI B. An intelligent system for detecting faults in photovoltaic fields[C]//11th International Conference on Intelligent Systems Design and Applications，ISDA，2011.

[54] CHINE W，MELLIT A，LUGHI V，et al. A novel fault diagnosis technique for photovoltaic systems based on artificial neural networks[J]. Renew. Energy，2016，90（5）：501-512.

[55] ZHAO L R, YANG L, LEHMAN B, et al. Decision tree-based fault detection and classification in solar photovoltaic arrays[C]//27th Annu. IEEE Appl. Power Electron. Conf. Expo, 2012.

[56] GAROUDJA E, HARROU F, SUN Y, et al. Statistical fault detection in photovoltaic systems[J]. Sol. Energy, 2017, 150: 485-499.

[57] HARROU F, SUN Y, TAGHEZOUIT B, et al. Reliable fault detection and diagnosis of photovoltaic systems based on statistical monitoring approaches[J]. Renew. Energy, 2018, 116: 22-37.

[58] DHIMISH M, HOLMES V, Fault detection algorithm for grid-connected photovoltaic plants[J]. Sol. Energy, 2016, 137: 236-245.

[59] DHIMISH M, HOLMES V, MEHRDADI B, et al. Simultaneous fault detection algorithm for grid-connected photovoltaic plants[J]. IET Renew. Power Gener, 2017, 11 (12): 1565-1575.

[60] ZHANG Z X, MA M Y, WANG H, et al, A fault diagnosis method for photovoltaic module current mismatch based on numerical analysis and statistics[J]. Solar Energy, 2021, 225: 221-236.

[61] IFC. Utility-scale solar photovoltaic power plants: a project developer's guide[S]. International Finance Corporation, 2015.

[62] IEC. Photovoltaic System Performance-Part 1: Monitoring: 61724-1[S]. International Electrotechnical Commission, 2017.

[63] IEC. Photovoltaic System Performance Monitoring-Guidelines for Measurement: 61724[S]. International Electrotechnical Commission, 1998.

[64] BLAESSER G, MUNRO D, Guidelines for the assessment of photovoltaic plants Document A Photovoltaic System Monitoring, Commission of the European Communities, Joint Research Centre, Ispra, Italy, 1995.

[65] BLAESSER G, MUNRO D, Guidelines for the assessment of photovoltaic plants document B analysis and presentation of monitoring data[C]//Commission of the European Communities, Joint Research Centre, Ispra, Italy, 1995.

[66] YANG S, BRYANT A, MAWBY P, et al. An industry-based survey of reliability in power electronic converters[C]//IEEE Transactions on Industry Applications, 2011, 47 (3): 1441-1451.

[67] LU B. A literature review of IGBT fault diagnostic and protection methods for power inverters[J]. IEEE Transactions on Industry Applications, 2009, 45 (5):1770-1777.

[68] ZHAO L R, YANG L, LEHMAN B, et al. Decision tree-based fault detection and classification in solar photovoltaic arrays[C]//27th Annu. IEEE Appl. Power Electron. Conf. Expo, 2012.

[69] JLASSI I, ESTIMA J O, EL KHIL S K, et al. Multiple open-circuit faults diagnosis in back-to-back converters of PMSG drives for wind turbine systems[J]. IEEE Transactions on Power Electronics, 2015, 30 (5): 2689-2702.

[70] PARK B G, JANG J S, KIM T S, et al. EKF-based fault diagnosis for open-phase faults of PMSM drives[C]//IEEE 6th International Power Electronics and Motion Control Conference. Wuhan, China: 2009: 418-422.

[71] 朱琴跃, 李冠华, 吴优, 等. 基于状态观测器的三电平逆变器故障检测与识别 [J]. 电源学报, 2017, 15 (5): 87-93.

[72] MENDES A M S, MARQUES Cardoso A J. Voltage source inverter fault diagnosis in variable speed AC drives, by the average current Park's vector approach[C]//IEEE International Electric Machines and Drives Conference. IEMDC'99. Proceedings(Cat. No.99EX272). Seattle, WA, USA: IEEE, 1999: 704-706.

[73] RAJ N, MATHEW J, JAGADANAND G, et al. Open-transistor fault detection and diagnosis based on current trajectory in a two-level voltage source inverter[J]. Procedia Technology, 2016, 25: 669-675.

[74] 陈勇, 刘志龙, 陈章勇. 基于电流矢量特征分析的逆变器开路故障快速诊断与定位方法 [J]. 电工技术学报, 2018, 33 (4): 883-891.

[75] KHAN A A, BEG O A, ALAMANIOTIS M, et al. Intelligent anomaly identification in cyber-physical inverter-based systems[J]. Electric Power Systems Research, 2021, 193: 107024.

[76] 杨忠林, 吴正国, 李辉. 基于直流侧电流检测的逆变器开路故障诊断方法 [J]. 中国电机工程学报, 2008, 28 (27): 18-22.

[77] 崔江, 王强, 龚春英. 结合小波与 Concordia 变换的逆变器功率管故障诊断技术研究 [J]. 中国电机工程学报, 2015, 35 (12): 3110-3116.

[78] 宋保业, 徐继伟, 许琳. 基于小波包变换 - 主元分析 - 神经网络算法的多电平逆变器故障诊断 [J]. 山东科技大学学报: 自然科学版, 2019, 38 (1): 111-120.

[79] KHOMFOI S, TOLBERT L M. Fault diagnosis and reconfiguration for multilevel inverter drive using AI-based techniques[J]. IEEE Transactions on Industrial Electronics, 2007, 54(6): 2954-2968.

[80] WANG T Z, XU H, HAN J G, et al. Cascaded H-bridge multilevel inverter system fault diagnosis using a PCA and multiclass relevance vector machine approach[J]. IEEE Transactions on Power Electronics, 2015, 30 (12): 7006-7018.

[81] WU Y C, LAN Q L, SUN YQ. Application of BP neural network fault diagnosis in solar photovoltaic system[C]//International Conference on Mechatronics and Automation, Changchun, China: IEEE, 2009: 2581-2585.

[82] 李从飞, 田丽, 凤志民, 等. 基于小波分解和 PSO-BP 的逆变器故障诊断 [J]. 新余学院学报, 2016, 21 (6): 22-25.

[83] CHEN D J, YE Y Z, HUA R. Fault diagnosis of three-level inverter based on wavelet analysis and Bayesian classifier[C]//25th Chinese Control and Decision Conference(CCDC). Guiyang, China: IEEE, 2013: 4777-4780.

[84] 刘远, 王天真, 汤天浩, 等. 基于 PCA-SVM 模型的多电平逆变系统故障诊断 [J]. 电力系统保护与控制, 2013, 41 (3): 66-72.

[85] Rozailan Mamat M, Rizon M, Khanniche M S. Fault detection of 3-Phase VSI using wavelet-fuzzy algorithm[J]. American Journal of Applied Sciences, 2006, 3 (1): 1642-1648.

[86] 马增涛, 高军伟, 冷子文, 等. 基于模糊聚类的城轨列车辅助逆变器故障诊断 [J]. 青岛大学学报: 工程技术版, 2013, 28 (3): 8-14.

[87] GUAN Y F, SUN D, HE Y K. Mean current vector based online real-time fault diagnosis for voltage source inverter fed induction motor drives[C]//IEEE International Electric Machines & Drives Conference. Antalya, Turkey: IEEE, 2007: 1114-1118.

第2章

光伏电池的等效电路模型

在当今能源与环境问题突出的背景下，光伏发电以其清洁、环保等诸多特点在新能源领域显现出不可替代的优势。光伏发电设备也成为电力系统及新能源发电领域的研究重点。光伏电池是光伏发电系统的关键部件，研究光伏电池在不同运行工况下的详细输出特性，是提升光伏系统发电量的基础。因此需要建立准确且实用的光伏电池行为模型，以保证基于模型的仿真分析能够反映实际光伏电站的运行特性[1, 2]。

过去很多研发人员在理论仿真阶段采用直流源模型代替光伏电池模型，由于光伏电池输出会受光照强度、环境温度等环境参数的影响，其输出特性具有明显的非线性特征，因此在光伏系统研究中不能将其简单地当作直流源看待。要想实现光伏电池输出特性的精确仿真模拟，需要充分考虑太阳辐照强度、环境温度等环境参数以及特性参数受光伏电池内部物理演化过程影响的程度，进而建立光伏电池动态的融合模型。目前光伏电池的仿真建模方法主要分为两类：

物理模型是以光伏电池的等效电路为基础，基于光伏器件的半导体特性建立。该方法采用一个电流源与二极管反并联，再与电阻并联的结构模拟光伏电池内部的光生电源及反向电流。模型中充分考虑了光伏半导体的光生电流、反向暗电流、p-n结系数等半导体特性参数[3, 4]，如果能够精确获取模型所包含的参数，该模型的仿真精度将会很高，可真实反映电池在不同环境下的输出特性；但实际上，这些参数与电池的电路外特性参数没有对应关系，通过实际测量难以获取，通常只有一定的经验取值范围，这些因素在很大程度上影响了物理模型的精确性。尽管如此，在众多光伏电池仿真模型中，物理模型仍然具有被广泛认可的准确度。当前常用的光伏电池物理模型包括单二极管模型、双二极管模型以及带有反偏特性的单二极管模型。

数学模型是根据光伏电池的电路外特性通过计算拟合，获取相应的电压与电流关系曲线，该方法并未对电池的物理本质进行描述，而是模拟出电池的外部输出特性。该方法建模时根据电池的短路电流及开路电压等实测参数构建出光伏电池输出特性表达式[5, 6]，通过数学函数表达式来模拟光伏电池的输出特性，相对而言建模过程更为简单，但是精确度会有所下降。

MATLAB/Simulink 仿真工具可用于复杂系统（连续的、离散的或混合型的）的仿真，由于其强大的功能和方便、快捷的模块化建模环境，而受到人们的日益重视[7]。本章针对 MATLAB 仿真环境，建立了多种光伏电池物理仿真模型，包括单二极管模型、双二极管模型以及带反偏特性的单二极管模型。所有模型均考虑了环境温度、太阳辐射强度、光伏电池参数（如标准条件下光伏电池的短路电流、开路电压、最大功率点电压、最大功率点电流、短路电流温度系数等）对 I-V 特性的影响，并且给出了不同环境参数下的仿真结果，并分析了不同仿真模型的优缺点，以便为光伏研发人员提供理论设计参考。

2.1 光伏电池的伏安特性曲线

光伏电池在可靠性、高效率、稳定性方面正在经历快速而稳定的增长。理论上，光伏电池的寿命在 25 年以上。然而，实际光伏电池所处的恶劣的工作环境将影响其有效寿命周期，要想保障光伏发电系统安全高效运行，提高其使用年限，需要在其长期运行期间进行定期评估。因此，对于光伏电池而言，需要采用快速而准确的方法来检测其可能潜在的问题。然而，制造商提供的光伏电池的 I-V 特性曲线和重要特性参数都是基于标准测试条件（Standard Test Condition，STC）下获取的。虽然 STC 是通用有效的测试标准，然而实际中由于环境辐照度和温度处于连续地无规律变化中，标准测试条件在实际应用中很少能完全匹配[8]。

光伏电池的伏安特性曲线（I-V 曲线），是由特定设备获取的光伏电池在不同电压、电流下的输出特性数据点构成的曲线，I-V 曲线可以最准确、最直观的反映光伏电池的输出特性，可以辅助工作人员了解光伏电池的实际运行状况。

I-V 曲线示踪是一个通用术语，用于描述以有效方式扫描光伏电池输出特性曲线的技术。I-V 曲线示踪器可以在不同的环境温度、太阳辐照强度下通过改变接入负载的大小来获取光伏组件、组串、阵列的 I-V 曲线。I-V 曲线示踪器中的可变负载由最初的可变电阻负载技术，经过多年的发展，出现了电容负载、以 MOSFET 为代表的电子负载、四象限电源负载、DC-DC 变换器模拟负载等多种技术，其中 DC-DC 变换器模拟负载技术具有扫描速度快、扫描精度高、允许电压等级高、成本较低、使用灵活等优点，得到了广泛的应用[9]。

此外国际电工委员会（International Electrotechnical Commission，IEC）为光伏能源系统定义了许多与 I-V 曲线测试相关的国际标准。如 IEC 609041：2006 标准描述了在不同条件下进行 I-V 曲线测量的一般过程，并提供了测量要求，例如环境辐照度、温度、电压分辨率和电流分辨率；IEC 60891：2009 标准定义了 I-V 曲线温度和辐照度校正方法，明确了温度和辐照度变化对 I-V 曲线的影响情况。本节将对常用的 I-V 曲线获取方法进行介绍，并且详细分析光伏电池的 I-V 输出特性曲线的特征意义。

2.1.1　I-V 曲线获取方式

I-V 曲线示踪器的基本原理是改变光伏组件或组串的输出，使其从开路状态逐步变化到短路状态，并获取该过程中变化的电压和电流的数据。该操作包括三个基本部分：数据采集、功率调节、控制策略[10]。

I-V 曲线示踪器的数据采集部分主要功能是在扫描过程中采集电压、电流数据点，并且通过太阳辐照度计以及温度探头分别读取太阳辐照度以及光伏组件的背板温度。I-V 曲线示踪器的分辨率取决于扫描过程中测量点的数量。例如，HT-Italia I-V 500W 型号的光伏组件扫描仪可以获取 128 个测试点的 I-V 曲线，并且其内部存储器最多可以存储 249 条曲线。为了满足 I-V 扫描的快速性以及高精度要求，I-V 示踪器的数据采集器需要快速并准确采集电压、电流数据点，此外，为了满足连续性扫描的工程需求，数据采集器需要具有较大的数据存储空间。功率调节器（例如可变电阻器和电子负载）主要功能是更改负载曲线，以捕获光伏组件的全电压区间的 I-V 特性，功率调节器的性能会影响 I-V 示踪器的效率和动态性能。控制策略用于控制功率调节器以及数据采集器。扫描开始后，控制器将控制信号发送到功率调节器，更改负载曲线使光伏组件的工作电压从开路电压变化到零，并在这个过程中控制数据采集器采集电流、电压数据点，完成 I-V 曲线扫描。I-V 曲线扫描的结构原理如图 2-1 所示。

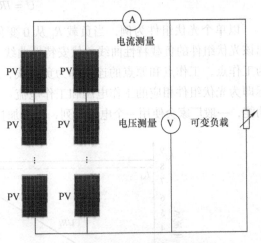

图 2-1　I-V 曲线扫描结构原理图

I-V 曲线示踪器实现 I-V 曲线扫描的方式包括离线扫描以及在线扫描两种。离线扫描是指使用 I-V 曲线扫描设备，主要包括便携式组件 I-V 曲线扫描仪、组串 I-V 曲线扫描仪等，其中组件 I-V 曲线扫描仪可以对单个光伏组件进行扫描，其允许的电压等级通常在 100V 以内，组串 I-V 曲线扫描仪可以对一整个光伏组串进行扫描，其允许的电压等级通常为上千伏。在使用离线扫描仪进行 I-V 曲线扫描时，首先需要将光伏组件或组串从系统中断开，此时光伏系统停机，而后把光伏组件或组串的输出端口连接至离线 I-V 曲线扫描仪的输入端口，进行 I-V 曲线扫描操作，可以在几秒内获取光伏组件或组串的 I-V 曲线。如图 2-2 所示是常用的便携式组串扫描仪设备外观图。

　　以思仪 6591A 便携式光伏组串 I-V 曲线扫描仪为例，简要介绍其工作原理。由光伏电池的光生伏打效应，当受到光照的光伏电池接上一个可变负载构成回路时，其产生的光生电流流经负载，在负载两端产生端电压，这时可以使用一个等效电路来描述光伏电池的工作情况，如图 2-3 所示。

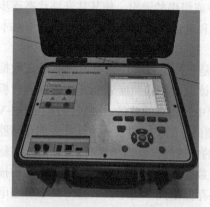

图 2-2　便携式组串 I-V 曲线扫描仪器

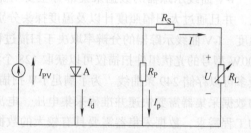

图 2-3　I-V 曲线扫描电路原理图

　　此时负载 R_L 两端的电压表达式为式（2-1）。

$$U = IR_L \tag{2-1}$$

　　以单个光伏组件为例，当负载 R_L 从 0 变化到无穷大，就可以根据式（2-1）画出该光伏组件的负载特性曲线（伏安特性曲线），如图 2-4 所示。曲线上的每一点称为工作点，工作点和原点的连线称为负载线，斜率为 $1/R_L$，工作点的横坐标和纵坐标即为光伏组件相应的工作电压和工作电流。该扫描仪采用电阻负载实现功率调节功能，一般厂家会使用一个电阻阵列，以增加扫描精度。

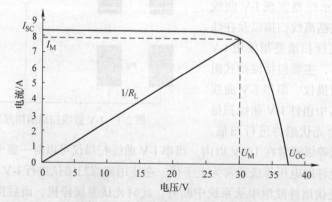

图 2-4　光伏组件 I-V 曲线示意图

　　虽然便携式 I-V 曲线扫描仪可以准确地获取到光伏组件或组串的 I-V 曲线，但是仅能离线使用，每次扫描都需要将光伏组件或者组串从系统中断开，这提高了测试的复杂度，并且会影响系统的发电量，因此在实际工程应用中难以广泛使用。研究人员据此提出了在线式 I-V 曲线扫描技术，将 I-V 示踪器集成在光伏逆变器或者功率优化器中，以实现在线 I-V 曲线扫描。下面介绍常见的在线 I-V 扫描方法。

　　部分分布式发电系统为提高光伏系统的运行效率，减少失配对光伏组件的影响，保障每个光伏组件工作在最优状态，对光伏系统中的每个光伏组件配备了功率优化器，它可以实现 DC-DC 变换以及光伏组件级最大功率点跟踪（Maximum Power Point Tracking，MPPT），并且具有组件级 I-V 曲线扫描功能，能够在线快速获取与之相连的光伏组件 I-V 曲线。其具体的 I-V 曲线扫描原理是：当功率优化器从上位机或其他智能控制设备接收到 I-V 曲线扫描命令信号时，功率优化器使能，使与其连接的光伏组件处于开路状态，然后功率优化器调整光伏组件输出电压从开路电压变化到预设的最小值，可以是 0V 或大于 0V 的某一值，以完成全电压区间 I-V 曲线扫描过程。通过传感器获取光伏组件的对应多组工作电压、工作电流，记录对应数值组成的光伏组件的 I-V 曲线数据[10]。带有功率优化器的分布式光伏系统结构如图 2-5 所示。

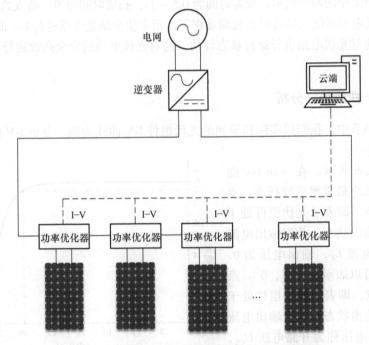

图 2-5　功率优化器在线 I-V 曲线扫描示意图

　　功率优化器利用 DC-DC 变换器可变占空比模拟输入端可变电压，通过调整 DC-DC 变换器的电压增益可以改变输入端子处的虚拟电阻，使得扫描电压从组件的开路电压到设定最小值之间等间距连续变化，以此获得更准确的 I-V 曲线测量结果。采用 DC-DC 变换器的 I-V 曲线扫描方法简单高效且无需额外的传感器，不需要将待测组件从光伏系统中拆除，只需要在下达扫描指令后将组件短暂地从系统中断开，扫描结束后组件将重新接入系统恢复输出，并且可以实现光伏组串中各组件同时扫描，通常功率优化器扫描过程仅持续 1s 左右（取决于扫描精度），在此过程中可以忽略辐照度的变化，对发电量的影响也很小。

在大型分布式发电系统中，组串式逆变器应用广泛，同样可植入 I-V 曲线扫描功能，实现光伏组串的在线 I-V 曲线扫描。与功率优化器类似，当上位机下达 I-V 曲线扫描指令后，逆变器有两种扫描策略，第一种是将光伏组串从系统中断开，调整组串输出电压从开路状态变化到短路状态，完成 I-V 曲线扫描，在扫描过程中，光伏组串停止向系统输送电能。第二种是不将光伏组串从系统中断开，直接利用 DC-DC 变换器改变组串输出电压，实现 I-V 曲线扫描，在扫描过程中，光伏组串持续向系统输送电能，这种策略可以减少扫描过程中的功率损失。需要指出的是，这两种扫描策略都采用 DC-DC 变换器模拟负载。因此组串式逆变器可以实现很高电压等级的 I-V 曲线扫描功能，例如现在最热门的 1500V 组串式系统，两个光伏组串并联后接入逆变器进行并联后的统一 MPPT 控制，逆变器在 I-V 曲线扫描时，同时扫描一路 MPPT 中的两个组串，所需时间为 0.5 ~ 1s，扫描时间很短，造成的功率损失较低，并且电站运维人员可以在云端远程下达指令使全站逆变器进行 I-V 曲线扫描，可以便捷地对光伏电站进行运行状态评估，这对光伏电站的安全高效运行具有重要意义。

2.1.2 I-V 曲线特征分析

在本小节中，我们以实际扫描到的光伏组件 I-V 曲线为例，分析 I-V 曲线表征的电路特性。

如图 2-6 所示，在一条 I-V 曲线上包括三个最重要的特征点，点 A 为短路点，即表示光伏组件处于短路时的输出状态，此时输出电流称为短路电流 I_{SC}，输出电压为 0，该点坐标可以表示为（I_{SC}，0）。点 B 为开路点，即表示光伏组件处于开路时的输出状态，此时输出电流为 0，输出电压称为开路电压 U_{OC}，该点坐标可以表示为（0，U_{OC}）。点 C 为最大功率点，即表示光伏组件

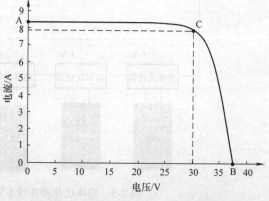

图 2-6 光伏组件 I-V 曲线示意图

处于最大功率运行时的输出状态，此时输出电流称为最大功率点电流 I_M，输出电压称为最大功率点电压 U_M，该点坐标可以表示为（I_M，U_M）。由这三个特征点可以计算 I-V 曲线的填充因子（Fill Factor，FF），如式（2-2）所示。

$$FF = \frac{I_M U_M}{I_{SC} U_{OC}} \qquad (2\text{-}2)$$

填充因子 FF 反映的是最大功率点与坐标轴围成的面积与 I-V 曲线上的短路点和开压点与坐标轴围成的矩形面积的比例。填充因子是反映光伏组件输出性能和运行状态的重要参数，填充因子越大，光伏组件中的光伏电池的品质越高。FF 的典型值通常处于 60% ~ 85%，由光伏电池的材料和内部器件结构决定。

此外短路点附近 I-V 曲线的斜率可以近似反映光伏组件的并联电阻，开路点附近的 I-V 曲线的斜率可以近似反映组件的串联电阻，我们也可以据此近似计算光伏组件的电阻参数用于光伏组件的建模。

2.2　单二极管模型

从光伏电池的单二极管物理模型被提出至今，研究人员持续对其进行更新和完善。研究人员详细讨论了如何由器件的物理特性推导出理想光伏电池模型[11, 12]，由于该模型只包含三个参数：光生电流 I_{PV}、二极管理想因子 a 和二极管反向饱和电流 I_O，因此又称为三参数模型[13]。三参数理想模型的精度较低，不能准确模拟实际光伏电池的输出特性，因此该理想模型在实际中很少应用于光伏电池的特性仿真，仅用于理解光伏电池的基本概念[14-16]。有些文献在三参数理想模型的基础上增加了一个串联电阻 R_S，R_S 表示电池和表面金属自身电阻及它们之间的接触电阻，用以方便表征光伏电池的内部损耗，该模型参数增加至 4 个，通常称为光伏电池四参数模型[17, 18]，有些文献称该模型为简化单二极管模型或单二极管 R_S 模型，该模型忽略了 p-n 结的漏电流，因此，在高温度与低辐照度条件下，四参数模型的精度会变差[19-21]。如果 p-n 结的漏电流比较小，可忽略其对光伏电池输出的影响。为了进一步提高模型的精度，相关研究考虑了 p-n 结的漏电流的影响，在二极管两端并联一个电阻 R_P，在四参数模型的基础上推导出更加精准的光伏电池的五参数模型，又称为光伏电池实际模型或称为单二极管 R_P 模型[22-24]。此模型的精度在低辐照度时较四参数模型有了明显提升[25, 26]。尽管参数的提取比四参数模型困难[27]，但是此模型能很好地平衡精度与复杂度，从而得到了广泛应用。

本文中采用的光伏电池的单二极管等效电路模型如图 2-7 所示，该模型由一个电流源（大小受辐照度控制）、一个反并联二极管、一个分流电阻 R_P 和一个串联电阻 R_S 组成。其中电流源模拟光生电流，分流电阻 R_P 用来模拟 p-n 结的漏电流，串联电阻 R_S 模拟电池和表面金属自身电阻及它们之间的接触电阻。

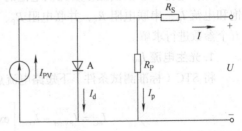

图 2-7　光伏电池单二极管模型等效电路图

2.2.1 光伏电池五参数模型建模方法

根据光伏电池单二极管模型等效电路图，由基尔霍夫电流定律可以得到其输出特性方程，如式（2-3）所示。

$$I = I_{PV} - I_d - I_p \tag{2-3}$$

式中，I_{PV} 为光生电流；I_p 为并联电阻上的漏电流；I_d 为流经二极管的电流，与二极管反向饱和电流成正比，如式（2-4）所示。

$$I_d = I_O \left[\exp\left(\frac{U + IR_S}{aN_S U_T} \right) - 1 \right] \tag{2-4}$$

式中，I_O 为二极管反向饱和电流，A；U 为光伏电池的输出电压，V，a 为二极管理想因子，单晶硅电池 a 常取 1.2，多晶硅电池 a 常取 1.3；N_S 为串联光伏电池数量；U_T 为光伏电池热电压，表达式如（2-5）所示。

$$U_T = \frac{kT_C}{q} \tag{2-5}$$

式中，q 为电子电荷常数，数值为 1.602×10^{-19}C；k 为玻尔兹曼常数，数值为 1.38×10^{-23}J/K；T_C 为光伏电池温度，K。

为了简化公式，定义修正理想因子 A 如式（2-6）所示[28]。

$$A = \frac{N_S a k T_C}{q} = N_S a U_T \tag{2-6}$$

根据上式，可以得到光伏电池的 I-V 特性方程如式（2-7）所示。

$$I = I_{PV} - I_O \left[\exp\left(\frac{U + IR_S}{A} \right) - 1 \right] - \left(\frac{U + IR_S}{R_P} \right) \tag{2-7}$$

由于本式为超越方程，无法直接求解，具体参数解析计算方法见下节内容。

2.2.2 五参数模型参数计算方法

光伏电池五参数模型涉及光伏电池的 5 个基本参数：光生电流 I_{PV}、二极管反向饱和电流 I_O、串联电阻 R_S、并联电阻 R_P、二极管理想因子 a[29]，运用模型时需要对五个参数进行求解。

1. 光生电流 I_{PV}

将 STC（标准测试条件）下短路电流点（I_{SC}，0）代入式（2-7）得到式（2-8）。

$$I_{SC} = I_{PV.ref} - I_{O.ref} \left[\exp\left(\frac{I_{SC} R_S}{A} \right) - 1 \right] - \left(\frac{I_{SC} R_S}{R_P} \right) \tag{2-8}$$

式中，$I_{PV.ref}$ 为 STC 条件下光生电流，A；$I_{O.ref}$ 为 STC 条件下二极管反向饱和电流电流，A。由于串联电阻很小，当忽略串联电阻影响时，$I_{PV.ref} \approx I_{SC}$。

光伏电池的光生电流会随环境温度以及辐照度变化而变化，因此对光生电流进行修正，如式（2-9）所示。

$$I_{PV} = \frac{G}{G_{ref}} \left[I_{PV.ref} + \alpha \left(T - T_{ref} \right) \right] \qquad (2-9)$$

式中，G 为太阳辐照强度，W/m²；G_{ref} 为 STC 条件下太阳辐照强度，其数值为 1000W/m²；T 为光伏电池温度，K；T_{ref} 为 STC 条件下光伏电池温度，其值为 298K；α 为短路电流温度系数，A/K；其中短路电流温度系数与光伏电池的材料以及工艺有关，可以由厂商给出的光伏组件铭牌参数得到。

2. 二极管反向饱和电流 I_O

将开路电压点（0，U_{OC}）和最大功率点（I_M，U_M）代入式（2-7），可以得到式（2-10）和式（2-11）。

$$0 = I_{PV.ref} - I_{O.ref} \left[\exp\left(\frac{U_{OC}}{A} \right) - 1 \right] - \left(\frac{U_{OC}}{R_P} \right) \qquad (2-10)$$

$$I_M = I_{PV.ref} - I_{O.ref} \left[\exp\left(\frac{U_M + I_M R_S}{A} \right) - 1 \right] - \left(\frac{U_M + I_M R_S}{R_P} \right) \qquad (2-11)$$

由于并联电阻 R_P 很大，在式（2-10）、式（2-11）的最后一项中，分母为 R_P，因此该项数值很小，可以忽略，并且在式（2-10）、式（2-11）第二项中，括号内的常数 −1 较指数部分很小，所以可以忽略该常数，公式近似后得到式（2-12）和式（2-13）。

$$0 \approx I_{SC} - I_{O.ref} \left[\exp\left(\frac{U_{OC}}{A} \right) \right] \qquad (2-12)$$

$$I_M \approx I_{SC} - I_{O.ref} \left[\exp\left(\frac{U_M + I_M R_S}{A} \right) \right] \qquad (2-13)$$

根据式（2-12）、式（2-13）计算可得式（2-14）。

$$I_{O.ref} = I_{SC} \exp\left(\frac{-U_{OC}}{A} \right) \qquad (2-14)$$

同样二极管反向饱和电流 I_O 也会受到环境温度以及辐照度的影响，因此对其进行修正，如式（2-15）所示。

$$I_O = I_{O.ref} \left(\frac{T}{T_{ref}} \right)^3 \exp\left[\left(\frac{q\varepsilon_G}{ak} \right) \left(\frac{1}{T_{ref}} - \frac{1}{T} \right) \right] \qquad (2-15)$$

即

$$I_O = I_{SC} \exp\left(\frac{-U_{OC}}{A}\right)\left(\frac{T}{T_{ref}}\right)^3 \exp\left[\left(\frac{q\varepsilon_G}{ak}\right)\left(\frac{1}{T_{ref}} - \frac{1}{T}\right)\right] \tag{2-16}$$

式中，ε_G 为材料带隙能量，硅材料带隙能量为 1.12eV。

3. 串联电阻 R_S 和并联电阻 R_P

对串联电阻 R_S 以及并联电阻 R_P 进行计算，使计算得到的 STC 条件下最大功率 P_M 与铭牌参数最大功率 $P_{M.ref}$ 相符合，因此有式（2-17）成立。

$$I_M = I_{PV.ref} - I_{O.ref}\left[\exp\left(\frac{U_M + I_M R_S}{A}\right) - 1\right] - \frac{U_M + I_M R_S}{R_P} \tag{2-17}$$

在 STC 条件下，$I_{PV.ref}$ 可近似为 I_{SC}，代入式（2-17）可得到式（2-18）。

$$R_P = \frac{U_M + I_M R_S}{I_{SC} - I_{SC}\left\{\exp\left[\frac{U_M + R_S I_M - V_{OC}}{A}\right]\right\} + I_{SC}\left\{\exp\left(\frac{-U_{OC}}{A}\right)\right\} - \left(\frac{P_M}{U_M}\right)} \tag{2-18}$$

式（2-18）中，串联电阻 R_S 和并联电阻 R_P 均为未知量，无法直接求解，因此采用迭代计算方法对串联电阻和并联电阻进行求解，迭代流程为：输入 STC 条件下的温度 T_{ref}、辐照度 G_{ref}、最大功率点电流 I_M、最大功率点电压 U_M、短路电流 I_{SC}、开路电压 U_{OC}、电流温度系数 α、串联电池数 N_S，迭代初值串联电阻 R_S 设为 0，并联电阻 R_P 根据式（2-18）通过牛顿拉夫逊法计算得到，根据上述式（2-17）计算此串联电阻与并联电阻组合下的最大功率点电流 $I_{M.ex}$，根据 $I_{M.ex}$ 与铭牌最大功率点电压的乘积计算得到此串联电阻与并联电阻组合下的最大功率 $P_{M.ex}$，计算此最大功率与铭牌参数最大功率 $P_{M.ref}$ 的差值，若差值大于允许的误差值，则增加串联电阻，继续迭代，直到计算最大功率与铭牌最大功率的差值小于允许的误差值，结束迭代过程，此时串联电阻与并联电阻即为计算得到的模型参数。迭代流程图如图 2-8 所示。

由上述计算得到的光伏电池的五参数，代入式（2-7）中，即可得到光伏电池的 I-V 特性输出方程。进一步通过改变电池的串联数目可以得到光伏组件的 I-V 特性输出方程。

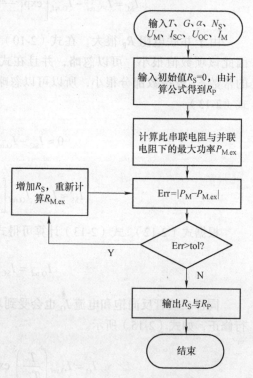

图 2-8　串联电阻 R_S 和并联电阻 R_P
计算迭代流程图

2.2.3　模型仿真结果

光伏组件是光伏发电系统最基本的组成单元，以上海太阳能科技有限公司生产的 S-235D（235W）光伏组件为例，该光伏组件由 60 个光伏电池串联组成，即串联电池数 $N_S = 60$，组件铭牌参数见表 2-1。

表 2-1　光伏组件 S-235D 参数

参　　数	数　　值
开路电压	37.4V
短路电流	8.42A
最大功率点电压	30.1V
最大功率点电流	7.81A
额定功率	235W
短路电流温度系数	0.046%/℃

在本节以上述光伏组件为应用实例，在 MATLAB 软件中利用 Simulink 模块搭建五参数单二极管模型，通过仿真改变环境辐照度，得到在环境温度为 25℃、不同环境辐照度下的多组 I-V 输出特性曲线，如图 2-9 所示。

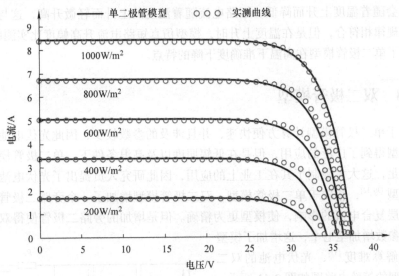

图 2-9　不同辐照度下光伏组件 I-V 曲线对比图

从图 2-9 可以得出以下结论，当环境温度不变、环境辐照度下降时，组件的短路电流会随环境辐照度下降而降低，开路电压也会随环境辐照度下降而轻微降低，这与组件实际工作规律相符合。但是在低辐照度下，I-V 曲线在开路电压附近与实测曲线并不完全相符，说明单二极管模型在低辐照度下准确度会略有下降。

通过仿真改变环境温度，得到在环境辐照度为 1000W/m² 、不同环境温度下的多组 I-V 输出特性曲线，如图 2-10 所示。

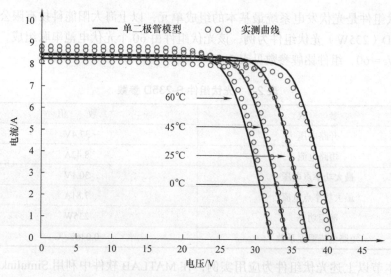

图 2-10 不同温度下光伏组件 I-V 曲线对比图

从图 2-10 得出以下结论，当环境辐照度不变、环境温度上升时，光伏组件的开路电压会随着温度上升而降低，短路电流随着温度的上升而轻微升高，这与组件实际工作规律相符合，但是在温度上升时，模型仿真短路电流升高幅度比实测曲线小，这体现了单二极管模型在高温下准确度下降的特点。

2.3 双二极管模型

由于单二极管模型计算方便快速，并且涉及的参数较少，因此光伏电池的单二极管模型得到了广泛的应用，但是在低辐照度以及高温条件下，单二极管模型的准确度不足，这大大限制了其在工业上的应用，因此研究人员提出了光伏电池的双二极管模型[30-32]，相较于单二极管模型，双二极管模型增加了一个旁路二极管，考虑了耗尽层复合电流的影响，使模型更为精确。但是增加的旁路二极管使得双二极管模型的参数增加至七个，这增加了模型参数的解算难度[33]，光伏电池的双二极管模型的等效电路图如图 2-11 所示。

与单二极管模型不同，在双二极管模型中，考虑了耗尽区内重组电流损耗的影响，提高了模型在低辐照度以及高温条件下的精度[34]。光伏电池的双二极管模型由一个电流源、两个并联二

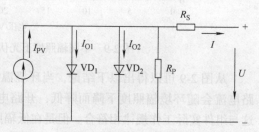

图 2-11 光伏电池的双二极管模型等效电路图

极管以及寄生电阻组成，电流源代表由光生伏打效应产生的光生电流，两个二极管分别考虑了载流子扩散过程以及 p-n 结的载流子复合过程，串联电阻用于模拟电池和表面金属自身电阻及它们之间的接触电阻，分流电阻用来模拟 p-n 结的漏电流[35]。根据双二极管模型等效电路图，可以得到光伏电池的 I-V 特性方程，如式（2-19）所示。

$$I = I_{PV} - I_{O1}\left[\exp\left(\frac{U + R_S I}{a_1 N_S U_{T1}}\right) - 1\right] - I_{O2}\left[\exp\left(\frac{U + R_S I}{a_2 N_S U_{T2}}\right)\right] - \left(\frac{U + R_S I}{R_P}\right) \quad (2\text{-}19)$$

式（2-19）中，I_{PV} 为光生电流，A；I_{O1}、I_{O2} 分别为两个二极管的反向饱和电流，A；R_P 为并联电阻，Ω；R_S 为串联电阻，Ω；a_1、a_2 为两个二极管理想因子；N_S 为串联电池数；U_{T1}、U_{T2} 为光伏电池的热电压，其公式如式（2-20）所示。

$$U_{T1,2} = \frac{kT}{q} \quad (2\text{-}20)$$

式中，q 为电子电荷，1.602×10^{-19}C；k 为玻尔兹曼常数，1.38×10^{-23}J/K；T 为光伏电池温度，K。

根据双二极管模型建立光伏电池模型时，需要确定七个参数，即 I_{PV}、I_{O1}、I_{O2}、R_P、R_S、a_1、a_2，通常有两种方法可以提取光伏组件的双二极管模型的参数，即：分析方法和数值方法。依据分析方法获取参数速度快，但难以在不进行任何简化和假设的情况下，仅通过分析方法来准确地确定光伏电池的具体参数[36, 37]。因此，最近研究人员利用人工智能算法，通过数值方法来确定双二极管模型的参数，例如人工免疫系统（Artificial Immune System）[38]和混合进化算法（Hybrid Evolutionary Algorithm）[39, 40]。但是，这些算法都相对复杂，与普通的迭代数值方法相比，这些方法的计算时间更长，难以在实际工程应用中使用。

通过数值方法提取双二极管模型参数，为了简化方程并且提高计算速度，需要做一些合理的近似处理，为此研究人员提出了多种近似方法，以达到快速解析双二极管模型的目的，例如将二极管饱和电流值 I_{O1}、I_{O2} 看作是相等的，但是这与众所周知的事实相矛盾，即 I_{O2} 至少比 I_{O1} 大 3 ~ 4 倍[38]。为了简化模型方程，研究人员忽略分流电阻 R_P 和串联电阻 R_S 的影响[41]，但这会严重影响模型准确性，特别是对于在开路电压 U_{OC} 附近的数据点。

为简化二极管理想因子的计算，研究人员基于光电二极管耗尽区中的肖克利·雷德·霍尔重组近似值，分别假设二极管理想因子 a_1 和 a_2 分别等于 1 和 2。但是，这种假设并不总是正确的，并且错误地选择 a_2 会在其他参数的计算中产生很大的误差[42]。在后续研究中发现，使用差分演化（Differential Evolution，DE）方法[43, 44]提取双二极管理想因子参数 a_1 和 a_2 是可靠的，并且在计算模型的其他参数时，得出了更为准确的结果，通过仿真验证发现与实际 I-V 曲线非常吻合[45]。因此，本节提取到的二极管理想因子值基于 DE 算法计算得出。

根据以上的分析，采用数值方法进行合理的简化，来提取光伏组件的五参数单二极管模型的参数，在模型参数的计算中，仅需要 I-V 曲线的三个关键点的坐标，即开路电压（0，U_{OC}）、短路电流（I_{SC}，0）以及最大功率点（I_M，U_M）的电流和电压。这些参数是在 STC 条件下获取的，其中环境辐照度为 1000W/m²，组件温度为 25℃（298K），大气质量 AM 为 1.5。以上信息都可以在制造商提供的组件铭牌信息中获取。该方法设计了快速简单的迭代算法来求解非线性方程以提取 R_S 的值，此外所有参数都是根据串联电阻 R_S 的值通过数值方法计算得到，计算过程快速准确，因此本节中采用该方法进行光伏组件双二极管模型的建模。

如前所述，双二极管模型需要计算七个参数，即 I_{PV}、I_{O1}、I_{O2}、R_P、R_S、a_1、a_2，为了简化双二极管模型的参数计算，假设二极管理想因子值 a_1 和 a_2 是恒定的，并且使用 DE 算法得到的二极管理想因子值[45]，该模型的七个未知参数被简化为五个参数：I_{PV}、I_{O1}、I_{O2}、R_P、R_S。可以使用解析关系和迭代算法来计算这五个参数的值。

2.3.1 分析确定 I_{PV}、I_{O1}、I_{O2}、R_P

将 I-V 曲线三个特征点短路点（I_{SC}，0）、开路点（0，U_{OC}）、最大功率点（I_M，U_M）代入到式（2-19）中，得到式（2-21）、式（2-22）和式（2-23）。

$$I_{SC} = I_{PV} - I_{O1}\left[\exp\left(\frac{R_S I_{SC}}{a_1 N_S U_{T1}}\right) - 1\right] - I_{O2}\left[\exp\left(\frac{R_S I_{SC}}{a_2 N_S U_{T2}}\right)\right] - \left(\frac{R_S I_{SC}}{R_P}\right) \quad (2\text{-}21)$$

$$0 = I_{PV} - I_{O1}\left[\exp\left(\frac{U_{OC}}{a_1 N_S U_{T1}}\right) - 1\right] - I_{O2}\left[\exp\left(\frac{U_{OC}}{a_2 N_S U_{T2}}\right)\right] - \left(\frac{U_{OC}}{R_P}\right) \quad (2\text{-}22)$$

$$I_M = I_{PV} - I_{O1}\left[\exp\left(\frac{U_M + R_S I_M}{a_1 N_S U_{T1}}\right) - 1\right] - I_{O2}\left[\exp\left(\frac{U_M + R_S I_M}{a_2 N_S U_{T2}}\right)\right] - \left(\frac{U_M + R_S I_M}{R_P}\right) \quad (2\text{-}23)$$

将式（2-23）代入式（2-21）和式（2-22）中得到式（2-24）和式（2-25）。

$$I_{SC} = I_{O1}\left[\exp\left(\frac{U_{OC}}{a_1 N_S U_{T1}}\right) - \exp\left(\frac{R_S I_{SC}}{a_1 N_S U_{T1}}\right)\right] + I_{O2}\left[\exp\left(\frac{U_{OC}}{a_2 N_S U_{T2}}\right) - \exp\left(\frac{R_S I_{SC}}{a_2 N_S U_{T2}}\right)\right] + \left(\frac{U_{OC} - R_S I_{SC}}{R_P}\right) \quad (2\text{-}24)$$

$$I_M = I_{O1}\left[\exp\left(\frac{U_{OC}}{a_1 N_S U_{T1}}\right) - \exp\left(\frac{U_M + R_S I_M}{a_1 N_S U_{T1}}\right)\right] + I_{O2}\left[\exp\left(\frac{U_{OC}}{a_2 N_S U_{T2}}\right) - \exp\left(\frac{U_M + R_S I_M}{a_2 N_S U_{T2}}\right)\right] + \left(\frac{U_{OC} - U_M - R_S I_M}{R_P}\right) \quad (2\text{-}25)$$

由于光伏组件并联电阻远大于串联电阻，通常并联电阻比串联电阻大三个数量级，因此得到以下近似式（2-26）。

$$1 + \frac{R_S}{R_{SH}} \approx 1 \qquad (2\text{-}26)$$

将式（2-26）带入到式（2-24）和式（2-25）中，得到式（2-27）和式（2-28）。

$$I_{SC} = I_{O1}\left[\exp\left(\frac{U_{OC}}{a_1 N_S U_{T1}}\right) - \exp\left(\frac{R_S I_{SC}}{a_1 N_S U_{T1}}\right)\right] + $$
$$I_{O2}\left[\exp\left(\frac{U_{OC}}{a_2 N_S U_{T2}}\right) - \exp\left(\frac{R_S I_{SC}}{a_2 N_S U_{T2}}\right)\right] + \left(\frac{U_{OC}}{R_P}\right) \qquad (2\text{-}27)$$

$$I_M = I_{O1}\left[\exp\left(\frac{U_{OC}}{a_1 N_S U_{T1}}\right) - \exp\left(\frac{U_M + R_S I_M}{a_1 N_S U_{T1}}\right)\right] + $$
$$I_{O2}\left[\exp\left(\frac{U_{OC}}{a_2 N_S U_{T2}}\right) - \exp\left(\frac{U_M + R_S I_M}{a_2 N_S U_{T2}}\right)\right] + \left(\frac{U_{OC} - U_M}{R_P}\right) \qquad (2\text{-}28)$$

由于 R_S 与 I_M 的乘积远小于 U_{OC}，所以有式（2-29）成立：

$$\exp\left(\frac{U_{OC}}{a_{1,2} N_S U_{T1,2}}\right) \gg \exp\left(\frac{R_S I_{SC}}{a_{1,2} N_S U_{T1,2}}\right) \qquad (2\text{-}29)$$

通常 I_{O2} 是 I_{O1} 的 3~4 倍，两者的关系可以近似表示为式（2-30），为了方便表示，记 $I_{O2}=KI_{O1}$。

$$I_{O2} = \left(\frac{T^{\frac{2}{5}}}{3.77}\right) I_{O1} \qquad (2\text{-}30)$$

根据式（2-29）与式（2-30），式（2-27）、式（2-28）可以化简为式（2-31）、式（2-32）。

$$I_{SC} = I_{O1}\exp\left(\frac{U_{OC}}{a_1 N_S U_{T1}}\right) + KI_{O2}\exp\left(\frac{U_{OC}}{a_2 N_S U_{T2}}\right) + \frac{U_{OC}}{R_P} \qquad (2\text{-}31)$$

$$I_M = I_{O1}\left[\exp\left(\frac{U_{OC}}{a_1 N_S U_{T1}}\right) - \exp\left(\frac{U_M + R_S I_M}{a_1 N_S U_{T1}}\right)\right] + $$
$$KI_{O1}\left[\exp\left(\frac{U_{OC}}{a_2 N_S U_{T2}}\right) - \exp\left(\frac{U_M + R_S I_M}{a_2 N_S U_{T2}}\right)\right] + \left(\frac{U_{OC} - U_M}{R_P}\right) \qquad (2\text{-}32)$$

从式（2-31）、式（2-32）计算可得，二极管 $\mathrm{VD_1}$ 的反向饱和电流 I_{O1} 可以表示为式（2-33），根据 I_{O1} 与 I_{O2} 的关系式（2-30），可以计算得到二极管 $\mathrm{VD_2}$ 的反向饱和电流 I_{O2}。

$$I_{O1} = \frac{U_{OC}(I_{SC} - I_M) - U_M I_{SC}}{U_{OC}\left[\exp\left(\dfrac{U_M + R_S I_M}{a_1 N_S U_{T1}}\right)\right] - U_M\left[\exp\left(\dfrac{U_{OC}}{a_1 N_S U_{T1}}\right) - K\exp\left(\dfrac{U_{OC}}{a_2 N_S U_{T2}}\right)\right]} \tag{2-33}$$

在得到 I_{O1} 的表达式后，其他几个参数 I_{PV}、R_P 均可以得到其具体表达式，如式（2-34）、式（2-35）所示。

$$I_{PV} = \frac{U_{OC}I_M + I_{O1}\left\{U_{OC}\left[\exp\left(\dfrac{U_M + R_S I_M}{a_1 N_S U_{T1}}\right) + K\exp\left(\dfrac{U_M + R_S I_M}{a_2 N_S U_{T2}}\right)\right]\right\}}{U_{OC} - U_M} - $$
$$\frac{I_{O1}\left\{U_M\left[\exp\left(\dfrac{U_{OC}}{a_1 N_S U_{T1}}\right) - K\exp\left(\dfrac{U_{OC}}{a_2 N_S U_{T2}}\right)\right]\right\}}{U_{OC} - U_M} \tag{2-34}$$

$$R_P = \frac{U_M + I_M R_S}{\left\{I_{PV} - I_M - I_{O1}\left[\exp\left(\dfrac{U_M + I_M R_S}{a_1 N_S U_T}\right) - 1\right] - I_{O2}\left[\exp\left(\dfrac{U_M + I_M R_S}{a_2 N_S U_T}\right) - 1\right]\right\}} \tag{2-35}$$

从式（2-33）、式（2-34）、式（2-35）中可以看出，在三个公式中，除了串联电阻 R_S，公式内其他参数均可以由厂商提供的铭牌参数得到或者由其计算得到，所以如果我们得到串联电阻 R_S 的值，那么参数 I_{O1}、I_{O2}、I_{PV}、R_P 均可通过对应的关系式计算得出，因此我们需要建立另一个关系式对串联电阻 R_S 进行求解。

在光伏电池 I-V 曲线上每个点处的功率为如式（2-36）。

$$P = IU \tag{2-36}$$

由于在最大功率点处的功率对电压的导数为 0，因此有式（2-37）成立。

$$\left.\frac{\mathrm{d}P}{\mathrm{d}U}\right|_{(U_M, I_M)} = \left(\frac{\mathrm{d}I}{\mathrm{d}U}\right)U + I = 0 \tag{2-37}$$

即

$$\left.\frac{\mathrm{d}I}{\mathrm{d}U}\right|_{(U_M, I_M)} = -\left(\frac{I_M}{U_M}\right) \tag{2-38}$$

代入最大功率点处的光伏电池的双二极管模型表达式（2-23），可得式（2-39）。

$$\frac{\mathrm{d}I}{\mathrm{d}U}\bigg|_{(U_\mathrm{M}, I_\mathrm{M})} = -\frac{I_\mathrm{O1}}{a_1 N_\mathrm{S} U_\mathrm{T1}}\left(1 - R_\mathrm{S}\frac{I_\mathrm{M}}{U_\mathrm{M}}\right)\exp\left(\frac{U_\mathrm{M} + R_\mathrm{S} I_\mathrm{M}}{a_1 N_\mathrm{S} U_\mathrm{T1}}\right) -$$
$$\frac{I_\mathrm{O2}}{a_2 N_\mathrm{S} U_\mathrm{T2}}\left(1 - R_\mathrm{S}\frac{I_\mathrm{M}}{U_\mathrm{M}}\right)\exp\left(\frac{U_\mathrm{M} + R_\mathrm{S} I_\mathrm{M}}{a_2 N_\mathrm{S} U_\mathrm{T2}}\right) - \frac{1}{R_\mathrm{P}}\left(1 - R_\mathrm{S}\frac{I_\mathrm{M}}{U_\mathrm{M}}\right) \tag{2-39}$$

根据式（2-38）、式（2-39）可以得到式（2-40）。

$$\frac{I_\mathrm{M}}{U_\mathrm{M}} = \left(1 - R_\mathrm{S}\frac{I_\mathrm{M}}{U_\mathrm{M}}\right)\left[\frac{I_\mathrm{O1}}{a_1 N_\mathrm{S} U_\mathrm{T1}}\exp\left(\frac{U_\mathrm{M} + R_\mathrm{S} I_\mathrm{M}}{a_1 N_\mathrm{S} U_\mathrm{T1}}\right)\right] +$$
$$\left(1 - R_\mathrm{S}\frac{I_\mathrm{M}}{U_\mathrm{M}}\right)\left[\frac{I_\mathrm{O2}}{a_2 N_\mathrm{S} U_\mathrm{T2}}\exp\left(\frac{U_\mathrm{M} + R_\mathrm{S} I_\mathrm{M}}{a_2 N_\mathrm{S} U_\mathrm{T2}}\right) + \frac{1}{R_\mathrm{P}}\right] \tag{2-40}$$

经过一系列变形，得到串联电阻 R_S 的计算值 $R_\mathrm{S.CAL}$，如式（2-41）所示。

$$R_\mathrm{S.CAL} = \frac{U_\mathrm{M}}{I_\mathrm{M}} - \frac{1}{\left[\dfrac{I_\mathrm{O1}}{a_1 N_\mathrm{S} U_\mathrm{T1}}\exp\left(\dfrac{U_\mathrm{M} + R_\mathrm{S} I_\mathrm{M}}{a_1 N_\mathrm{S} U_\mathrm{T1}}\right) + \dfrac{I_\mathrm{O1}}{a_1 N_\mathrm{S} U_\mathrm{T2}}\exp\left(\dfrac{U_\mathrm{M} + R_\mathrm{S} I_\mathrm{M}}{a_2 N_\mathrm{S} U_\mathrm{T2}}\right) + \dfrac{1}{R_\mathrm{P}}\right]} \tag{2-41}$$

由于式（2-41）是非线性的超越方程，因此不能通过直接计算求解，可以选择用迭代的方法对串联电阻值进行迭代计算，具体迭代方法见 2.3.2 节。

2.3.2　快速迭代计算串联电阻 R_S

为了快速得到串联电阻的数值，以优化光伏组件的双二极管模型计算速度，本节采用了一种简单的迭代算法来确定 R_S 的具体参数值。采用的迭代算法的简化流程图如图 2-12 所示。在该算法中，串联电阻的初始值从 0 开始逐渐增加。对于串联电阻 R_S 的每个值，分别使用式（2-33）、式（2-30）、式（2-34）、式（2-35）、式（2-41）计算 I_O1、I_O2、I_PV、R_P、$R_\mathrm{S.CAL}$，并且计算 $R_\mathrm{S.CAL}$ 与 R_S 的差值，直到由计算的 $R_\mathrm{S.CAL}$ 的值与该次迭代开始时的 R_S 设定值非常接近，迭代结束，与此同时输出光伏组件的五个参数 I_O1、I_O2、I_PV、R_P、R_S，本迭代方法中误差值 ε 选择为 0.001，它定义了该迭代模型的精度。

2.3.3　模型仿真结果

根据 2.3.2 节中的分析结果，对 2.2.3 节所述应用实例，利用 MATLAB 中的 Simulink 软件搭建 S-235D 光伏组件的双二极管仿真模型，组件的铭牌参数见表 2-1。

由于采用的光伏组件为多晶硅组件，因此根据 DE 算法结果，本实例中的二极管理想因子 a_1 与 a_2 分别为 1.14 和 2.60。根据计算，迭代后组件串联电阻值为 $0.077\,\Omega$，并联电阻值为 $1223.1\,\Omega$，通过改变组件的辐照度，得到在环境温度为 25℃、不同环境辐照度下的多组 I-V 输出特性曲线如图 2-13 所示。

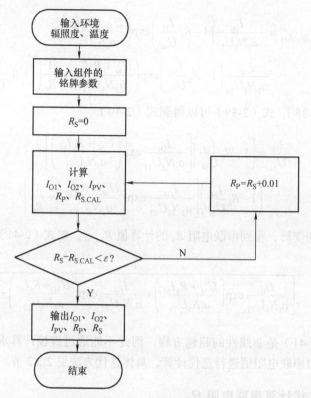

图 2-12 迭代流程图

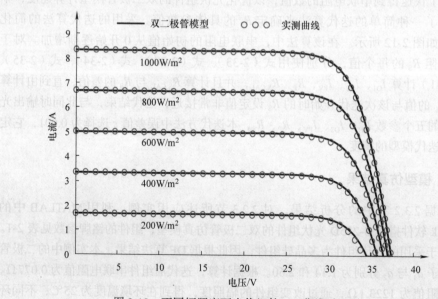

图 2-13 不同辐照度下光伏组件 I-V 曲线对比图

通过仿真改变环境温度，得到在环境辐照度为 $1000W/m^2$、不同环境温度下的多组 I-V 输出特性曲线，如图 2-14 所示。

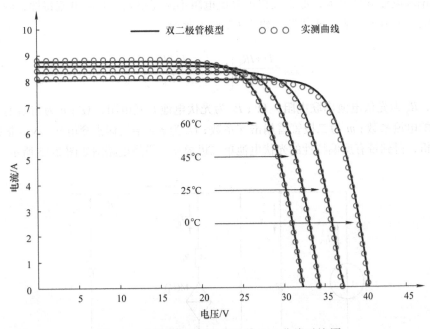

图 2-14　不同温度下光伏组件 I-V 曲线对比图

通过和实测 I-V 曲线的对比，可以发现光伏电池双二极管模型整体准确度较高。特别是在开路电压附近的曲线与实际测量 I-V 曲线符合度较好。并且发现在高温时，双二极管模型对短路电流的仿真更为准确。说明光伏电池双二极管模型在高温和低辐照度下的精度比单二极管模型有明显地提高。

2.4　带反偏特性的单二极管模型

在 2.2 节中介绍了光伏电池的单二极管模型，当光伏电池受到太阳辐照会产生光生电流，根据其 p-n 结特性可将其等效成一个恒流源（大小受辐照强度控制）与一个二极管并联的电路模型。由于光伏电池本身结构及材料会引入一定的电阻或者形成其他电流支路，因此在电路模型中用一个串联电阻和一个并联电阻来体现这些影响，得到了如图 2-7 所示的光伏电池单二极管模型等效电路图，以及单二极管模型的输出特性曲线。

$$I = I_{PV} - I_O\left[\exp\left(\frac{U+IR_S}{A}\right)-1\right]-\left(\frac{U+IR_S}{R_P}\right) \tag{2-42}$$

式（2-42）中最后一项表示光伏电池的漏电流，在该表达式中表示为并联电阻上的分流，但是由于光伏电池本质上可以看作一个 p-n 结，那么考虑到光伏电池的反偏特性，当其受到的反偏电压达到击穿电压时，由于 p-n 的雪崩击穿效应，使得其反偏漏电流骤然增大，那么仅仅由分流电阻不能完整表达其漏电流特性，因此引入新的漏电流 I_{shunt} 表达式[46-48]，如式（2-43）所示。

$$I_{shunt}=\frac{U+IR_S}{R_P}\left\{1+n\left(1-\frac{U+IR_S}{U_b}\right)^{-m}\right\}\qquad(2\text{-}43)$$

式中，R_S 为光伏电池串联电阻，Ω；R_P 为光伏电池并联电阻，Ω；n 为与雪崩击穿相关的电流系数；m 为二极管雪崩击穿系数；U_b 为 p-n 结反偏击穿电压，V。根据上述分析，得到带有反偏特性的光伏电池单二极模型，模型电路图如图 2-15 所示。

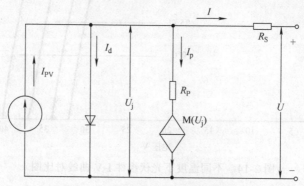

图 2-15　光伏电池的反偏模型等效电路图

图 2-15 中，U_j 为二极管两端电压，即为 p-n 结两端结电压；M（U_j）为非线性受控电流源，由 p-n 结两端的结电压控制，其与并联电阻 R_P 串联共同模拟光伏电池的漏电流特性。根据带反偏特性的光伏电池模型，可以得到带有反偏特性的光伏电池单二极管模型输出特性方程，如式（2-44）所示。

$$I=I_{PV}-I_O\left[\exp\left(\frac{U+IR_S}{A}\right)-1\right]-n\frac{(U+R_SI)}{R_P}\left(1-\frac{U+R_SI}{U_b}\right)^{-m}\qquad(2\text{-}44)$$

并联电流支路的漏电流表达式如式（2-45）所示，它由两部分组成，一部分是由并联电阻 R_P 引起的分流，另一部分是 p-n 雪崩击穿相关的漏电流。

$$I_P=\frac{U_j}{R_P}\left[1+n\left(1-\frac{U_j}{U_b}\right)^{-m}\right]\qquad(2\text{-}45)$$

带有反偏特性的光伏电池单二极管模型是在单二极管模型的基础上，考虑到光伏电池的反偏特性，这对进一步了解光伏电池的特性有很大的帮助。

根据上述分析，在 MATLAB/Simulink 软件中搭建带反偏特性的光伏电池单二极管仿真模型。下面根据带反偏特性的光伏电池 I-V 曲线分析其特点。

　　如图 2-16 所示，当光伏电池处于反偏状态时，在击穿电压前，电流随着反偏电压的增大而缓慢上升，这主要是因为光伏电池的并联电阻一般很大，其反偏漏电流很小，理想情况下在击穿电压前电流不随反偏电压变化而变化。当反偏电压达到击穿电压时，光伏电池发生雪崩击穿，反偏电流迅速上升，应尽量避免这种情况发生，一方面雪崩击穿会使光伏电池产生大量功率迅速发热，可能会烧穿电池，另一方面发生二次击穿后会导致光伏电池的反偏特性发生不可逆的变化，具体表现为漏电流增大 [49,50]。

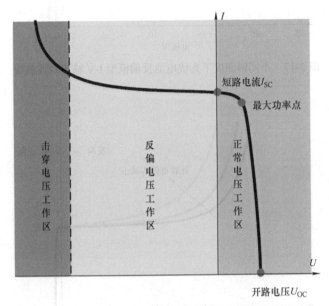

图 2-16　光伏电池反偏模型 I-V 曲线

　　在搭建带反偏特性的光伏电池单二极管仿真模型中，控制环境温度不变，逐步增大环境辐照度，得到不同辐照度下的带反偏特性的光伏组件 I-V 曲线，如图 2-17 所示，从第一象限曲线可以看出，它与光伏组件单二极管模型输出特性曲线相同，随着辐照度的增加，短路电流与之成比例地增加，从第二象限图像可以看出，在反向击穿之前，其反偏漏电流很小，当反向电压达到击穿电压后，反偏漏电流迅速上升。并联电阻起到分流作用，通过改变光伏电池并联电阻的大小，得到不同并联阻值下的多组 I-V 特性曲线，如图 2-18 所示。根据不同并联电阻下的光伏电池反偏 I-V 曲线可以得出，并联电阻主要影响光伏电池的反向 I-V 特性，当并联电阻 R_p 减小时，反偏下光伏电池的漏电流增加。

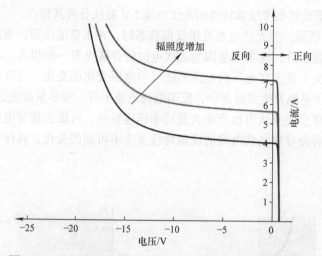

图 2-17　不同辐照度下光伏电池反偏模型 I-V 输出特性曲线

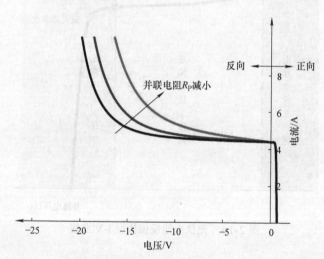

图 2-18　不同并联电阻下光伏电池反偏模型 I-V 输出特性曲线

2.5　本章小结

本章首先介绍了光伏电池的输出伏安特点，对其特性曲线进行了解释并对其表征含义进行了分析。对几种常见的光伏电池伏安特性曲线（I-V 曲线）的获取方法进行了介绍，根据光伏电池的输出特性，介绍了三种光伏电池的建模方法，并比较了其优缺点。

（1）光伏电池的伏安特性曲线反映了光伏电池的输出特性，可以从曲线中获取光伏电池的重要特征值，如开路电压、短路电流、最大功率点电压和电流、填充因子等，光伏电池的 I-V 曲线获取方式有离线扫描和在线扫描两种方式，通过对比发现，离线扫描方式耗时且会严重降低发电量，难以在工业上广泛使用，在线扫描方式可以快速经济的获取光伏组件、组串的 I-V 曲线，具有很高的实用价值。

（2）基于对光伏电池的物理特性的分析，介绍了光伏电池的三种建模方式，分别为单二极管模型、双二极管模型、带反偏特性的单二极管模型，分别给出模型等效电路图以及特性方程，并且介绍了模型参数计算方法，最终给出模型的仿真结果，根据三种模型的仿真结果对比，得出的结论是：单二极管模型可以快速地实现光伏电池的建模，但是其在低辐照度下和高温下准确度下降明显；双二极管模型的方程复杂、参数计算难度增加，因此其仿真时间较单二极管模型有所增加，但是它解决了在低辐照度和高温下准确度差的问题，对于全部工况、全电压区间的仿真具有较高的准确度；反偏模型在单二极管模型的基础上，考虑了光伏电池在反向偏压状态下的输出特性，这对分析光伏电池在遮挡、热斑等非预期情况下的输出特性具有重要的参考意义。

参 考 文 献

[1] 许洪华. 中国光伏发电技术发展研究 [J]. 电网技术，2007，31（20）：77-81.

[2] 焦阳，宋强，刘文华. 光伏电池实用仿真模型及光伏发电系统仿真 [J]. 电网技术，2010（11）：198-202.

[3] 赵争鸣，刘建政. 太阳能光伏发电及其应用 [M]. 北京：科学出版社，2005.

[4] 何国庆，许晓艳. 大规模光伏电站控制策略对孤立电网稳定性的影响 [J]. 电网技术，2009，33（15）：20-25.

[5] 孙自勇，宇航，严干贵，等. 基于 PSCAD 的光伏阵列和 MPPT 控制器的仿真模型 [J]. 电力系统保护与控制，2009，37（19）：61-64.

[6] 李晶，许洪华，赵海翔，等. 并网光伏电站动态建模及仿真分析 [J]. 电力系统自动化，2008，32（24）：83-87.

[7] 茆美琴，余世杰，苏建徽. 带有 MPPT 功能的光伏阵列 Matlab 通用仿真模型 [J]. 系统仿真学报，2005，17（5）：1248-1252.

[8] ZHU Y, XIAO W. A comprehensive review of topologies for photovoltaic I-V curve tracer[J]. Solar Energy, 2020, 196：346-357.

[9] TRIKI-LAHIANI A, ABDELGHANI A B-B, SLAMA-BELKHODJA I. Fault detection and monitoring systems for photovoltaic installations：a review[J]. Renew. Sustain. Energy Rev, 2008, 82：2680-2692.

[10] MA M Y, ZHANG Z X. Fault diagnosis of cracks in crystalline silicon photovoltaic modules through I-V curve[J]. Microelectronics Reliability 2020, 114, 113848.

[11] 丁金磊. 太阳电池 I-V 方程显式求解原理研究及应用 [D]. 合肥：中国科学技术大学，2007.

[12] 翟载腾. 任意条件下光伏阵列的输出性能预测 [D]. 合肥：中国科学技术大学，2008.

[13] XIAO W, DUNFORD W G, CAPEL A. A novel modeling method for photovoltaic cells[C]//

IEEE Power Electronics Specialists Conference，2004.

[14] JORDEHI A R, et al. Parameter estimation of solar photovoltaic（PV）cells：A review[J]. Renewable and Sustainable Energy Reviews，2016，61：354-371.

[15] CHIN V J, SALAM Z, ISHAQUE K. Cell modelling and model parameters estimation techniques for photovoltaic simulator application：A review[J]. APPLIED ENERGY，2015，154：500-519.

[16] CIULLA G, BRANO V L, Di DIO V, et al. A comparison of different one-diode models for the representation of I-V characteristic of a PV cell[J]. Renewable and Sustainable Energy Reviews，2014，32：684-696.

[17] WALKER G. Evaluating MPPT converter topologies using a MATLAB PV model[J]. Journal of Electrical & Electronics Engineering, Australia，2001，21（1）：49-56.

[18] CHENNI R, MAKHLOUF M, KERBACHE T, et al. A detailed modeling method for photovoltaic cells[J]. Energy，2007，32（9）：1724-1730.

[19] MAHMOUD Y, XIAO W, ZEINELDIN H H. A simple approach to modeling and simulation of photovoltaic modules[J]. Sustainable Energy, IEEE Transactions，2012，3（1）：185-186.

[20] ISHAQUE K, SALAM Z, TAHERI H. Simple, fast and accurate two-diode model for photovoltaic modules[J]. Solar Energy Materials and Solar Cells，2011，95（2）：586-594.

[21] KHALID M S, ABIDO M A. A novel and accurate photovoltaic simulator based on seven-parameter model[J]. Electric Power Systems Research，2014，116：243-251.

[22] 吴小进. 光伏阵列及并网逆变器关键技术研究 [D]. 北京：北京交通大学，2012.

[23] MAHMOUD Y, EL-SAADANY E F. A photovoltaic model with reduced computational time[J]. IEEE Transactions on Industrial Electronics，2015，62（6）：3534-3544.

[24] CELIK A N, ACIKGOZ N. Modelling and experimental verification of the operating current of mono-crystalline photovoltaic modules using four-and five-parameter models[J]. Applied energy，2007，84（1）：1-15.

[25] HURNADA A M, HOJABRI M, MEKHILEF S, et al. Solar cell parameters extraction based on single and double-diode models：A review[J]. RENEWABLE & SUSTAINABLE ENERGY REVIEWS，2016，56：494-509.

[26] ISHAQUE K, SALAM Z, TAHERI H. Accurate MATLAB simulink PV system simulator based on a two-diode model[J]. Journal of Power Electronics，2011，11（2）：179-187.

[27] XIAO W, LIND M G J, DUNFORD W G, et al. Real-time identification of optimal operating points in photovoltaic power systems[J]. IEEE TRANSACTIONS ON INDUSTRIAL ELECTRONICS，2006，53（4）：1017-1026.

[28] Chouder A, Rahmani L, Sadaoui N, et al. Modeling and simulation of a grid connected PV system based on the evaluation of main PV module parameters[J]. Simulation Modelling Practice and Theory，2012，20（1）：46-58.

[29] Habbati Bellia, Ramdani Youcef. A detailed modeling of photovoltaic module using MATLAB[J]. NRIAG Journal of Astronomy and Geophysics，2014,3：53-61.

[30] Ishaque K, Salam Z, Taheri H. Simple, fast and accurate two-diode model for photovoltaic modules[J]. Sol Energy Mater Sol Cells，2011，95：586-594.

[31] Ishaque K, Salam Z, Taheri H. Accurate MATLAB simulink PV system simulator based on a two-diode model[J]. J Power Electr, 2011, 11 : 179-187.

[32] Chin V J, Salam Z, Ishaque K. An accurate two diode model computation for CIS thin film PV module using the hybrid approach[C]// Electric power and energy conversion systems (EPECS), 2015 4th international conference, 2015.

[33] 赵泰祥，廖华，等. 局部阴影下光伏组件的 Matlab/Simulink 仿真模拟与特性分析 [J]. 太阳能学报，2019, 40（11）: 3110-3118.

[34] CHIN V J, SALAM Z, I, K. Cell modelling and model parameters estimation techniques for photovoltaic simulator application : a review[J]. Appl. Energy, 2015, 154（9）: 500-519.

[35] KASHIF ISHAQUE, ZAINAL SALAM, SYAFARUDDIN. A comprehensive MATLAB-Simulink PV system simulator with partial shading capability based on two-diode model ［J］. Solar Energy, 2011, 85 : 2217-2227.

[36] AMIN YAHYA-KHOTBEHSARA, ALI SHAHHOSEINI. A fast modeling of the double-diode model for PV modules using combined analytical and numerical approach[J]. Solar Energy, 2018, 162 : 403-409.

[37] MAJDOUL R, ABDELMOUNIM E, ABOULFATAH, M, et al. Combined analytical and numerical approach to determine the four parameters of the photovoltaic cells models [C]// Proc. International Conference ICEIT, Conf, 2015 : 1-6.

[38] JACOB B, BALASUBRAMANIAN K, BABU T S, et al. Parameter extraction of solar PV double diode model using artificial immune system[C]// Proc. IEEE International Conference on Signal Processing, Informatics, Communication and Energy Systems（SPICES）Conf 2015 : pp. 1-5.

[39] MUHSEN D H, GHAZALI A B. Parameter extraction of photovoltaic module using hybrid evolutionary algorithm[C]//Proc. Research and Development（SCOReD）, IEEE Student Conf, 2015 : 1-6.

[40] HEJRI M, MOKHTARI H, AZIZIAN M R, et al. On the parameter extraction of a five-parameter double-diode model of photovoltaic cells and modules[J]. IEEE J. Photovolt, 2014, 4（3）: 915-923.

[41] BABU B C, GURJAR S. A novel simplified two-diode model of photovoltaic（PV）module[J]. IEEE J. Photovolt, 2014, 4（4）, 1156-1161.

[42] ADEL A, ALI Elbaset, et al. Novel sevenparameter model for photovoltaic modules[J]. Sol Energy Mater Sol Cells, 2014, 130 : 442-455.

[43] CHIN V J, SALAM Z, ISHAQUE K, An accurate two diode model computation for CIS thin film PV module using the hybrid approach[C]//Proc. Electric Power and Energy Conversion Systems（EPECS）, Conf, 2015 : 1-6.

[44] CHIN V J, SALAM Z, ISHAQUE K. An accurate modelling of the two-diode model of PV module using a hybrid solution based on differential evolution[J]. Energy Convers. Manage, 2016, 124（9）: 42-50.

[45] VUN JACK CHIN ZAINAL SALAM. An accurate modelling of the two-diode model of PV module using a hybrid solution based on differential evolution[J]. Energy Conversion and

Management, 2016, 124：42-50.

[46] OROZCO-GUTIERREZ M L, RAMIREZ-SCARPETTA J M, SPAGNUOLO G, et al. A method for simulating large PV arrays that include reverse biased cells[J]. Applied energy, 2014, 123（7）: 157-167.

[47] ChAIBI Y, SALHI M, EL-JOUNI A, et al. A new method to extract the equivalent circuit parameters of a photovoltaic panel[J]. Solor energy, 2018, 163：376-386.

[48] BISHOP J W. Computer simulation of the effects of electrical mismatches in photovoltaic cell interconnection circuits[J]. Solor cells, 1988, 25：73-89.

[49] 李剑，汪义川，李华，等．单晶硅太阳电池组件的热击穿[J]．太阳能学报，2011，32（5）：690-693.

[50] KIM K A, KREIN P T. Hot spotting and second breakdown effects on reverse I-V characteristics for mono-Crystalline Si photovoltaics[J]//2013 IEEE Energy Conversion Congress & Exposition, Denver, America, 2013.

个 I-V 特征又可分为 20 个电量特征（见表 3-1）。在只用 I-V 特征进行诊断时，通过 I-V 特征提取的特征量，作为后文故障诊断的特征电量。（见表 3-1附表。）

第3章
基于光伏组件 I-V 数据的故障特征量提取、解耦及诊断

随着光伏发电技术的快速发展，"平价上网"已成为大势所趋，如何通过增加发电收益实现降低成本是当前亟待解决的问题。光伏组件作为光伏发电系统中的重要部件，其可靠性是整个系统稳定运行的关键。通过智能化的故障诊断策略，能够在保障系统可靠性的同时有效降低人工运维的成本，从而达到降本增益的目的。能源数字化技术的发展使得光伏组件可获得的数据信息增加，其中 I-V 数据则能最直接地表征光伏组件的运行状态，因为光伏组件的 I-V 数据包含了光伏运行的所有可能工作点，而通过 I-V 特征的光伏组件故障诊断方法也是最为简单有效的，也是目前应用范围较广的一种光伏组件故障诊断方法。上一章介绍了光伏电池的模型及其模型参数的提取方法，分析了其 I-V 曲线的基本特性，本章结合光伏电池的模型进一步分析了光伏组件在不同故障态下的 I-V 曲线特征，提取不同故障类型光伏组件的故障特征，并提出基于 I-V 曲线的光伏组件故障诊断方法。

3.1 光伏组件故障分类

实际电站中的光伏组件故障类型多种多样，常见的如阴影遮挡、老化、热斑、二极管短路等。为有效对其故障类型进行分类，需要根据其 I-V 特征进行划分。本节根据实际光伏电站中调研到的故障光伏组件数据，通过电参量特征和红外图像测试，以故障原因作为光伏组件故障分类的基础。

3.1.1 光伏组件基本结构

光伏组件是由若干光伏电池单元封装而成，由于单个光伏电池的输出电压很低，为建立较高的输出电压，通常组件中的多个电池单元通过串联连接，进一步通过光生伏打效应将吸收的光能转化为电能[1-3]。就目前国内应用最广的 60 片规格的光伏组件，60 个光伏电池分为 3 个子串，为降低阴影、热斑等造成的功率损失，每

个子串又由 20 个电池单元串联而成，且并联一个旁路二极管。三个旁路二极管都封装在位于光伏组件背部的接线盒内，由接线盒引出光伏组件的输出正负端，如图 3-1 所示。

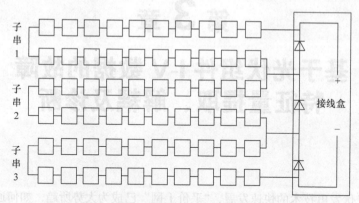

图 3-1　60 片规格光伏组件的基本结构

光伏组件通过外部封装保护光伏电池的同时保证其与外部电气绝缘。通常采用堆叠式三明治结构，包括正面钢化玻璃、前 EVA 层、电池单元、后 EVA 层、背部 TPT（聚氟乙烯复合膜），各种材料的选择依据一方面是高透光率以保证发电效率，另一方面是能耐受各种环境腐蚀以保证其寿命。同时光伏组件边缘包围铝合金边框，加强密封性并提高了组件的机械强度。

3.1.2　故障光伏组件数据收集和故障分类

故障光伏组件的收集是一项艰难的工作，利用红外热成像仪和人工观测的方法以及模拟故障的方法，在安徽省和江苏省境内，从使用超过 5 年的总容量为 195MW 的多个光伏电站中收集到不同故障类型的光伏组件，实际光伏电站场景如图 3-2 所示。

a) 江苏省盱眙县70MW光伏电站　　　　b) 安徽省肥东县100MW水面光伏电站

图 3-2　实际光伏电站场景

c) 安徽省合肥市5MW屋顶光伏电站

图 3-2　实际光伏电站场景（续）

　　本章中收集到的光伏组件结构如图 3-1 所示，型号为 LDK-235W 的多晶硅光伏组件，组件的铭牌参数见表 3-1。

表 3-1　LDK-235W 多晶硅光伏组件的铭牌参数

参数类别	数值
开路电压 /V	37.4
短路电流 /A	8.42
最大功率点处电流 /A	7.81
最大功率点处电压 /V	30.1
额定功率 /W	235
正常工作温度 /℃	48 ± 2
短路电流温度系数 /（%/℃）	0.08
开路电压温度系数 /（%/℃）	−0.32

　　收集的故障组件的故障类型为老化、二极管短路、电势诱导衰减（Potential Induced Degradation，PID）、阴影、热斑和玻璃碎裂，每种故障类型的组件数量分布见表 3-2。

表 3-2　不同故障类型光伏组件的数据统计与分布

故障类型	组件数量	比例（%）
老化	126	10.32
二极管短路	76	6.22
PID	144	11.79
阴影	485	39.72
热斑	273	22.36
玻璃碎裂	117	9.59

　　光伏组件的各种故障都会造成组件的功率损失，理论上光伏组件中的电池单元输出特性一致，但是当组件受到阴影遮挡等造成光伏组件的进光量减少时会造成电池单元失配。光伏电池失配的原因有很多，总结起来主要分为两大类，一是进光量

减少，二是电池本身缺陷导致的组件内电池的输出特性不一致。进光量减少可分为外部遮挡（云层、表面非均匀积灰、建筑及植物遮挡等）和封装减光（封装老化色变、玻璃碎裂等）[4-8]。由于组件中旁路二极管的作用，当失配时光伏组件内的电池单元输出特性不一致，使得所在子串的旁路二极管导通，因此根据光伏组件内的旁路二极管是否导通，可将光伏组件的故障分为两大类，即失配和非失配故障。其中非失配类故障包括老化、二极管短路和 PID 故障，失配类的故障包括阴影、热斑以及玻璃碎裂故障，失配和非失配类故障的分类如图 3-3 所示。

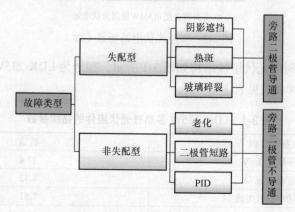

图 3-3　光伏组件的故障分类

3.1.3　单电池片 I-V 曲线特征

光伏电池是光伏组件的最基本的输出单体，在外部环境参数（温度、辐照度）确定，且光伏电池本征参数（串并联电阻，参考条件下光生电流）已知的前提下，根据光伏电池输出特性方程即可得到每个电池单元的输出 I-V 曲线，如图 3-4 所示。

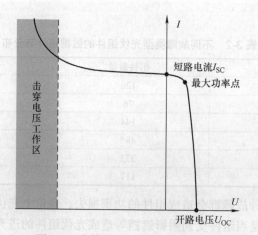

图 3-4　光伏电池 I-V 输出特性曲线

单电池片的 I-V 曲线上有几个特征数据点：短路电流 I_{SC}，一般情况下与电池的光生电流相等，辐照度的变化对其影响较大，呈正相关；开路电压 U_{OC}，温度的变化对其影响较大，呈负相关；最大功率点电流电压 I_{MPPT}、V_{MPPT}，为光伏电池正常工作在第一象限条件下输出电流电压值乘积最大的点。正常情况下，光伏电池工作在正向发电状态，即第一象限；而当电池发生失配时，其工作在反偏状态，作为负载消耗能量，而当失配光伏电池承受的反偏电压过大时可能造成电池内部损坏，漏电流增大[9, 10]。

3.1.4　基于曲线复合的光伏组件 I-V 曲线特征推演

I-V 输出特性曲线是指假设单个光伏源外接从 0 至无穷大的负载，使其工作在不同状态下，将所有工作状态下的电流电压数据拟合而成的曲线关系。它表征了一个光伏源在独立时间轴上推演得到的扫描电流与扫描电压的变化关系集合，而实际工作状态下每个时刻每个光伏源只有一组工作电流和工作电压数据，且每组数据可维持一定时间段不变。

由于光伏组件是由若干个光伏电池串联而成，因此正常情况下每个光伏电池的工作电流是一致的，且与组件的输出电流（一般情况下为最大功率电流 I_{mppt}^{PV}）保持一致。光伏电池单元的 I-V 输出特性叠加复合成光伏子串的 I-V 输出特性，进而每个光伏子串的 I-V 输出特性叠加复合成光伏组件的 I-V 输出特性。如图 3-5 所示，U_{OCi} 是正常电池单元的开路电压，U_{OC} 是该光伏组件的开路电压，满足式（3-1）。

$$U_{OC} = 60U_{OCi} \tag{3-1}$$

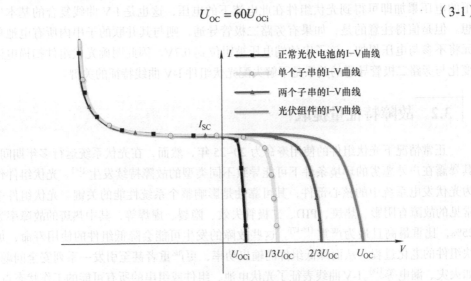

图 3-5　正常光伏组件 I-V 曲线组成的示意图

当光伏组件内存在失配时，每个光伏电池之间存在工作状态差异，即组件内的电池输出特性不一致，导致其 I-V 输出特性不同，使得在相同的工作电流下工作电压不同，这不仅导致每个光伏电池不能都工作在最大功率点处，对失配严重的光伏电池可能会使其工作在反偏状态，由功率输出单元变成负载单元，产生反向电压 U_r，如图 3-6 所示。在一个光伏子串内，如果有 i 个光伏电池处于反偏状态，则当满足式（3-2）时，与子串并联的旁路二极管导通。其中 U_n 为正常光伏电池的端电压，U_{DT} 为旁路二极管导通阈值电压，一般为 0.7V[11-13]。

$$\left|\sum U_{ri}+(20-i)U_n\right|\geq U_{DT} \tag{3-2}$$

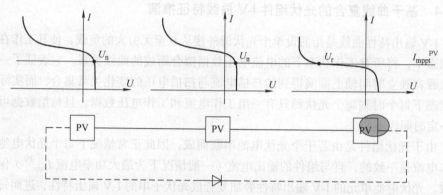

图 3-6 子串内光伏电池工作状态示意图

根据光伏组件的基本结构，在任意工作电流条件下，将所有光伏电池在该电流下的电压累加即可得到光伏组件在此电流下的电压，这也是 I-V 曲线复合的基本思想。但是值得注意的是，如果有旁路二极管导通，则与其并联的子串内所有电池单元将不参与电压累加，该子串的端电压被钳位到 0.7V。因此明确光伏组件扫描电流变化与旁路二极管导通的关系是了解失配光伏组件 I-V 曲线特征的关键。

3.2 故障特征量提取

正常情况下光伏组件的使用寿命为 20~25 年，然而，在光伏系统运行多年期间，其暴露在户外恶劣的环境条件下可能导致不同类型的故障持续发生[14]。光伏组件作为光伏发电系统中的核心部件，其可靠性是影响整个系统性能的关键。光伏组件中常见的故障有阴影、热斑、PID、二极管失效、隐裂、虚焊等，其中热斑的故障率为 25%，比重最高且最为严重[15-17]。这些故障的发生可能会降低组件的使用寿命，加快组件的老化过程，从而降低组件的输出功率，更严重者甚至引发一系列安全问题，如火灾、漏电等[18]。I-V 曲线表征了光伏电池、组件或组串的所有可能的工作状态点，即电压和电流点。而光伏组件故障的发生会导致其内部电气参数发生改变，这些将直观地通过 I-V 曲线反映出来，因此利用 I-V 曲线的特征可以进一步提取不同类型故障的故障特征。

3.2.1 老化

老化是光伏组件中一种常见的失效形式，随着光伏组件投入运行的年限增加，老化程度也逐渐增加，光伏组件的老化会使得其输出功率下降，在线性质保期内，正常情况下光伏组件每年的功率衰减率在 1% 以内[19]。除了长时间运行的正常老化衰减外，还有一些原因会导致光伏组件的早期退化，如：电池内部缺陷、缺乏维护、外壳问题、热循环、接地问题、腐蚀的环境等[20]。对老化的光伏组件进行 EL 测试，会发现老化组件内部电池片出现黑点，如图 3-7 所示为老化组件的 EL 图像。目前对于老化故障的研究多从模型角度出发，通过对光伏组件进行建模，提取其等效串联电阻参数，根据光伏组件等效串联电阻的增量来检测和量化光伏组件的老化程度[21]。

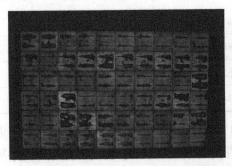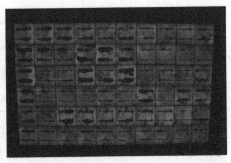

图 3-7　老化光伏组件的 EL 图像

本节从故障光伏组件的 I-V 曲线出发，从曲线上提取老化组件的参数信息。根据以上实地电站中收集到的老化组件，从多组测试样本中选取两组功率衰减分别为 15% 和 25% 的老化组件与正常组件相对比，测试老化组件的 I-V 输出特性，测试结果如图 3-8 所示。

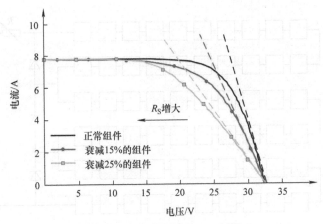

图 3-8　老化光伏组件的 I-V 曲线

　　根据测试的多组不同功率衰减的老化组件，计算填充因子和串联电阻，结果见表 3-3，随着光伏组件老化程度增加，其功率衰减增大，填充因子减小，且串联电阻增大。

表 3-3　不同老化程度光伏组件的填充因子与串联电阻计算结果

功率衰减（%）	填充因子 FF	串联电阻 R_S/Ω
7.37	0.724	0.77
8.41	0.719	0.81
9.93	0.709	0.86
10.60	0.695	0.91
12.19	0.681	0.97
14.50	0.668	1.08
16.56	0.652	1.16
19.55	0.634	1.26

　　由图 3-8 老化组件的 I-V 曲线可以得出，老化组件的 I-V 曲线发生畸变，随着老化程度的增加，功率损失越严重。较正常组件而言，老化组件的开路电压 U_{OC} 和短路电流 I_{SC} 基本保持不变，最大功率 P_m 减小。随着老化程度的增加，组件的填充因子下降。光伏组件 I-V 曲线开路电压处的斜率可以表征串联电阻。当组件的老化程度增加时，开路电压 U_{OC} 点的斜率绝对值减小，表征为光伏组件的串联电阻 R_S 增加。

　　根据老化组件的串联电阻增加的事实，可以通过增加组件的串联电阻模拟组件的老化。实验示意图如图 3-9 所示，为模拟老化失效，对光伏组件串联不同阻值的电阻，实验结果如图 3-10 所示。

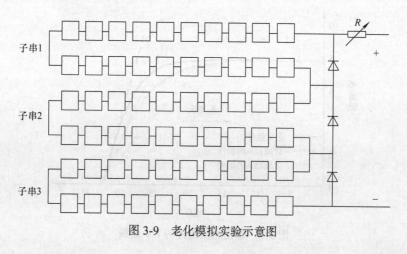

图 3-9　老化模拟实验示意图

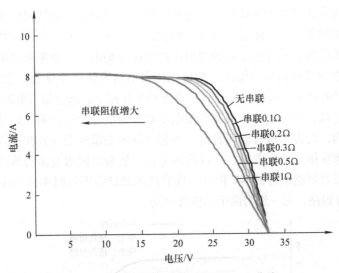

图 3-10　组件串联不同电阻下的 I-V 曲线

　　根据以上改变组件串联电阻的实验，不同串联电阻值下组件的功率损失见表 3-4，可以得出以下结论，对光伏组件串联电阻可以模拟老化现象，随着串联电阻的增加，老化程度增加，I-V 曲线的畸变越严重。当串联电阻的阻值在 0~1Ω 时，模拟与实际老化组件的 I-V 曲线较符合。当串联电阻的阻值为 0.5Ω 时，模拟老化的组件功率衰减约为 15%；当串联电阻的阻值为 1Ω 时，模拟老化的组件功率衰减约为 25%，与上述实测老化组件有很好的一致性。发现随着串联电阻的增加，I-V 曲线开路电压处的斜率减小，表征光伏组件的串联电阻增大，I-V 曲线畸变越严重，老化程度增加。

表 3-4　不同串联电阻值下的光伏组件功率损失

串联阻值 /Ω	功率损失（%）
0	0
0.1	3.15
0.2	7.09
0.3	10.33
0.5	14.28
1	27.85
2	34.57

3.2.2　二极管短路

　　光伏组件中的光伏电池在串联后通常与一定数量的旁路二极管并联，旁路二极管一般集成在光伏组件的接线盒内，这些二极管可以减少因光伏组件受到部分阴影遮挡而导致的功率损失。除了减少功率损失外，旁路二极管的存在还避免了组件中的电池单元承受高于允许的反向偏置电压的实际反偏电压。如果光伏电池单元的反向电压高于电池设计的安全电压，则可能使得电池发热严重导致褐变，形成热斑，最坏的情况可能烧穿背板引发火灾[23]。在非均匀辐照下，电池输出电流发生失配时，旁路二极管导通，可有效降低较高反偏电压对反偏电池片的影响。此时功率耗散发生在二极管内，使得二极管温度升高，当超过其安全温度会导致其损坏。此外，当光伏系统的防雷措施不完善时，组件内的旁路二极管可能遭受雷击造成短路。通过测试多组二极管短路组件的 I-V 曲线，选取两组测试结果如图 3-11 所示，其中一组为单个二极管短路，另一组为两个二极管短路。

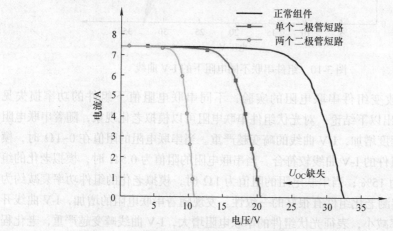

图 3-11　二极管短路组件的 I-V 曲线

当光伏组件的子串二极管短路时，I-V 曲线表征为缺失相应子串的开路电压。该组件有三个子串，当有一个二极管被短路，I-V 曲线的开路电压约为正常组件开路电压的 2/3。组件中电池单元特性一致的情况下，当存在二极管短路故障时，组件开路电压的表达式如式（3-3）所示。

$$U_{OC} = \frac{3-N}{3} U_{OC(Normal)}$$
（3-3）

式中，N 为短路的二极管数目，取值为 1，2，3；$U_{OC（Normal）}$ 为正常光伏组件的开路电压。

因此可以由开路电压与正常开路电压的比例关系判断二极管短路故障以及短路二极管的数量。

3.2.3　电势诱导衰减（PID）

在并网光伏系统中，光伏组件之间通常是串联连接以建立电压输出，而组件框架出于安全考虑要接地处理。根据光伏系统中使用的逆变器类型，光伏组件和组件框架之间的高电势差可能由组串两端的光伏组件产生，如图 3-12 所示。

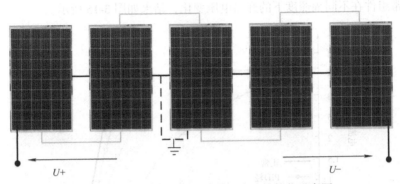

$U+$　　　　　　　　　　　　　　　　　　　$U-$

图 3-12　具有浮动电位的光伏组串连接简化示意图

电势差导致漏电流从组件框架流向光伏电池（反之亦然，取决于组串中的组件位置），在外部电势的作用下，玻璃中的 Na^+ 离子迁移并聚集在电池片表面或进入内部，使得 p-n 结极化或退化，造成组件发生 PID 效应[24]。为达到降低成本的目的，光伏行业正朝着将最大系统直流电压提高到 1500V 的方向发展，所以组件的这一问题在未来将更加严重。目前针对 PID 故障已经进行了广泛的研究，但是在这一领域的研究中对于 PID 现象的理解仍然不完整，依然是一个主要问题。PID 会使得光伏组件性能衰减，输出功率下降，填充因子降低。一般 PID 是可恢复的，通常对发生PID 的光伏组件施加正向电压来修复其退化的 p-n 结[25]。目前对于 PID 的研究多集中于机理方面，没有很好的故障诊断方法。本节通过实验测试发现发生 PID 的组件在高低辐照度下的开路电压明显不同，高低辐照度下 PID 组件的 I-V 曲线测试结果如图 3-13 所示，其中高辐照度为 850W/m²，低辐照度为 500W/m²。

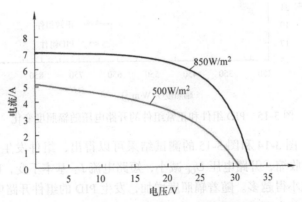

图 3-13　在高低辐照度下 PID 组件的测试结果

选取不同程度的 PID 组件在低辐照度 500W/m² 下对发生 PID 的光伏组件进行 I-V

测试, 结果如图 3-14 所示。为研究辐照度对 PID 组件开路电压的影响, 对比 PID 组件和正常组件在不同辐照度下的开路电压变化, 结果如图 3-15 所示。

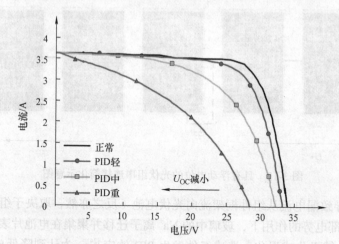

图 3-14   在低辐照度下 PID 组件的 I-V 曲线

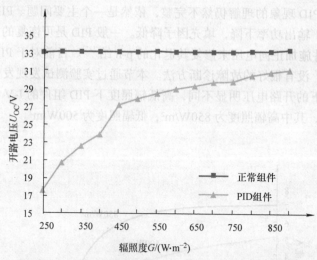

图 3-15   PID 组件和正常组件的开路电压随辐照度变化

由图 3-13、图 3-14 和图 3-15 的测试结果可以得出, 组件发生 PID 时, I-V 曲线向坐标轴方向收缩, 开路电压 U_{OC} 减小, 短路电流 I_{SC} 基本不变, PID 越严重, 组件的开路电压减小得越多。随着辐照度增加, 发生 PID 的组件开路电压增加, 正常组件的开路电压基本不受辐照影响, 所以可以通过高低辐照度下开路电压比值诊断 PID 故障。在高低辐照度下进行组件的 I-V 扫描, 高低辐照度下组件的开路电压分别记为 U_{OC1}、U_{OC2}, 通过 U_{OC1} 与 U_{OC2} 的比值可诊断出 PID 故障。

3.2.4 阴影

阴影遮挡是光伏组件最常见的失效形式。实际光伏系统中的光伏组件经常受到云、建筑物等遮挡，山区的大型光伏电站还会经常受到杂草等大面积遮挡，不及时清除会造成严重的功率损失。当电池片受到遮挡时，处于反偏状态，被遮挡电池片发热严重，旁路二极管导通，阴影遮挡组件的红外图像及组件电流路径如图 3-16 所示。

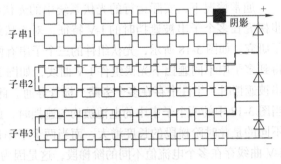

a) 被遮挡组件的红外图像   b) 被遮挡组件电流路径示意图

图 3-16 被阴影遮挡的组件的红外图像及组件电流路径示意图

对光伏组件一个子串中的单个电池片进行逐次遮挡 1/4 面积的实验，测试被遮挡组件的 I-V 曲线，实验结果如图 3-17 所示。

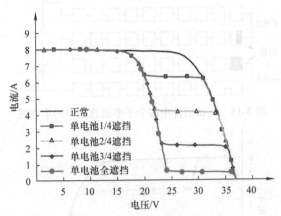

图 3-17 单个电池片不同比例遮挡下组件的 I-V 曲线

当组件被遮挡时，被遮挡电池片反偏，使得子串的旁路二极管导通，I-V 曲线出现平坦的阶梯，随着遮挡程度增加，阶梯段电流值减小，且阶梯段呈平行关系。对阴影组件 I-V 曲线的台阶段进行多项式拟合，并计算方均根误差（RMSE），其中拟合优度 R^2 衡量拟合曲线的质量，其结果见表 3-5。可以得出被遮挡组件的 I-V 曲线的台阶段线性特征明显，且台阶段电流近似为常数。

表 3-5　不同阴影遮挡下的光伏组件 I-V 曲线台阶段拟合

阴影遮挡程度	台阶段拟合方程	方均根误差 RMSE	拟合优度 R^2
单电池 1/4 遮挡	$I=-0.0073U+6.55$	0.0054	0.9325
单电池 2/4 遮挡	$I=-0.0079U+4.44$	0.0050	0.9562
单电池 3/4 遮挡	$I=-0.0079U+2.38$	0.0055	0.9267
单电池全遮挡	$I=-0.0060U+0.71$	0.0085	0.9228

通常情况下，实际运行的光伏系统中的光伏组件受到的遮挡比较复杂，为进一步探究在多个子串被遮挡时的 I-V 特征，对光伏组件中多个子串被遮挡的情况进行了研究。如图 3-18 所示，光伏组件的三个子串有两个受到遮挡，通过改变遮挡程度，得到多子串不同遮挡下光伏组件 I-V 曲线，如图 3-19 所示，当光伏组件中有多个子串被遮挡时，组件中存在多个旁路二极管导通。此时，I-V 曲线可能出现多个阶梯段，当图 3-18 中的两个子串中的电池被均匀遮挡时，此时 I-V 曲线同样出现一个阶梯段，不同的是此时阶梯段的长度增大。而当两个子串遮挡程度不同时，此时光伏组件的 I-V 曲线存在多个电流值不同的阶梯段，这是因为被遮挡的子串失配程度不同导致其输出的最大电流不同。因此，可以得出在非均匀阴影遮挡下的光伏组件的 I-V 曲线会出现阶梯段，而阶梯段的数目取决于失配光伏子串的数量和程度。

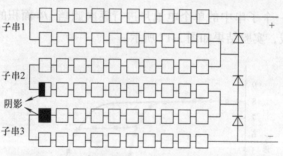

图 3-18　光伏组件中多个子串被遮挡时的示意图

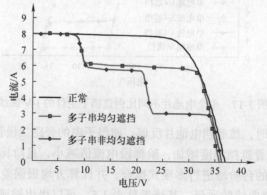

图 3-19　光伏组件中多个子串在不同遮挡下的 I-V 曲线

因为组件中的电池单元存在阴影，所以存在阴影遮挡的光伏子串电流小于正常组串，被阴影遮挡的电池反偏，使得所在子串的旁路二极管导通。设阴影子串工作在电流 I，正常发电池单元电压为 U_i，失配电池单元承受反偏电压 U_r，二极管导通电压阈值 U_c，则当满足式（3-4）时，所在子串的旁路二极管导通。

$$U_r - \sum_{i=1}^{19} U_i \geqslant U_c \qquad (3\text{-}4)$$

结合光伏电池的反偏模型，反偏下光伏组件的输出特性由多个光伏电池的 I-V 特性复合而成。如图 3-20 所示，设组件中存在 1 个被阴影遮挡失配的电池单元，其余 59 个电池单元正常，其中 I_{SC} 为正常电池单元的短路电流，I_C 为二极管关断时对应的组件的输出电流，I_{SCS} 为被遮挡电池单元的短路电流，U_{rc} 为刚好满足式（3-4）时被遮挡的电池单元承受的反偏电压。

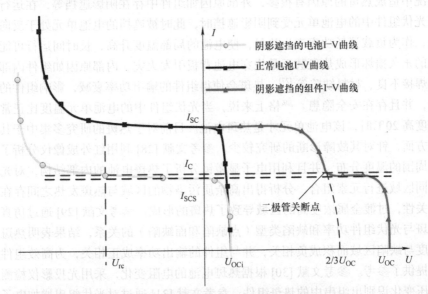

图 3-20　光伏组件在阴影下 I-V 输出特性示意图

当组件工作在大电流区间，即 $I > I_C$ 时，由于失配电池单元的反偏电压始终满足式（3-4），此时二极管导通，失配子串被旁路掉；当组件工作在 $I_{SCS} < I \leqslant I_C$ 电流区间时，此时二极管关断，失配电池单元工作在反偏状态，组件的 I-V 特性曲线由 1 个工作在反偏状态下的电池单元与其余 59 个正常电池单元 I-V 曲线复合而成，将出现阶梯特征；当组件工作在 $I < I_{SCS}$ 电流区间时，失配电池单元处于正向发电状态，与其余 59 个正常电池片共同输出功率。综上，被阴影遮挡的电池单元的工作区间和工作状态见表 3-6。

表 3-6　被阴影遮挡的电池单元在不同电流区间的工作状态

电流区间	工作状态
$I_C \leq I \leq I_{SC}$	存在阴影的子串旁路二极管导通
$I_{SCS} \leq I \leq I_C$	反向偏置，消耗功率
$0 \leq I \leq I_{SCS}$	正向发电

3.2.5　热斑

热斑在实际的光伏系统运行过程中是一个比较频发的故障，并且随着光伏组件技术向薄片发展的趋势，在薄晶圆的制造、运输和安装等过程中容易产生裂纹，因此热斑故障可能会一直存在。热斑是由于光伏组件中的局部过热造成的，根据标准IEC61215 10.9.2，当由于某种异常而导致受影响的电池的短路电流低于整体的工作电流时，就会出现反向偏置，从而将其他电池所产生的能量作为热量耗散掉[26]。实际情况中造成热斑的原因有很多，外部原因如组件中存在阴影遮挡等，在运行过程中，光伏组件中的电池单元受到阴影遮挡时，此时被遮挡的电池单元处于反向偏置状态，作为负载消耗功率产生热量，使电池的局部温度升高，长时间运行可能造成电池的永久损坏形成热斑甚至是烧穿电池背板引发火灾。内部原因如组件内部的隐裂、焊接不良、材料缺陷等[27]。热斑会使得组件的输出功率衰减，影响组件的使用寿命，并且存在安全隐患。严格上来说，当光伏组件中的电池单元温度比正常电池的温度高 20℃时，该电池单元才是热斑电池。目前对于热斑的研究多集中于其发热机理方面，针对其故障诊断的研究较少。参考文献 [28] 利用红外成像仪分析了热斑电池周围的温度分布，并且利用电子显微镜分析了热斑电池的内部结构，对光伏电池不同区域进行元素组合，分析得出高杂质污染物的区域与热斑发热之间存在直接的相关性，过渡金属浓度高的区域导致了热斑的形成。参考文献 [29] 通过仿真研究了热斑与光伏组件功率和缺陷类型（点缺陷和面缺陷）的关系，结果表明热斑电池的温度与缺陷区域面积成负相关，并与组件的输出功率成正相关，为高效组件抑制热斑提供了参考。参考文献 [30] 根据热斑电池的电阻变化，采用光投影仪检测组件的电压变化识别出组串中的热斑组件。参考文献 [31] 通过对光伏组串增加电子开关元器件来抑制热斑导致的功率损失问题。参考文献 [32] 根据热斑组件的交流参数特性，利用外部电路通过测量 10~70kHz 频率范围内的交流阻抗幅度的变化来识别热斑。参考文献 [33] 通过仿真研究了遮挡与热斑的关系，得出只有在 1 个光伏电池被遮挡且遮挡光照大于 $500W/m^2$ 时，形成的热斑才有可能对光伏组件造成伤害，并提出一种基于模糊控制的热斑故障诊断策略。参考文献 [34] 根据热斑组件的 I-V 特性，通过 I-V 曲线上固定两点的电流变化率来诊断热斑故障。可以看出，以上诊断和抑制热斑的方法大多需要依赖昂贵的设备或外部电路来实现，增加了系统的成本，而利用 I-V 曲线进行诊断热斑的方法较为简单便捷。

　　不同于阴影故障，当子串中有热斑电池时，在高电压工作区间时热斑电池的反偏电压不满足上述式（3-4），此时电流继续从该子串流过，旁路二极管不导通，热斑电池单元处于反偏工作状态流过很高的反向漏电流，导致热斑电池作为负载持续消耗功率，产生大量的热量，使热斑电池温度升高[35]。热斑组件的红外、EL 图像及组件电流路径如图 3-21 所示。对热斑组件进行 I-V 测试，结果如图 3-22 所示。热斑电池的温度明显高于周围正常电池的温度，且根据 EL 图像可以看出热斑电池由于发热严重造成电池内部损坏。

a) 热斑组件的红外图像

b) 热斑组件电流路径示意图

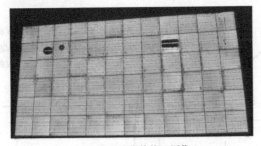

c) 热斑组件的EL图像

图 3-21　热斑组件的红外、EL 图像及组件电流路径示意图

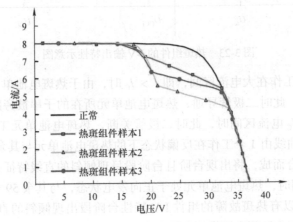

图 3-22　热斑组件的 I-V 曲线

由以上测试结果可以看出热斑组件的 I-V 曲线在高电压区间出现明显折线段，这是由于热斑电池的漏电流效应，折线段斜率绝对值越大，则漏电流也越大。对热斑组件的台阶段进行多项式拟合，计算方均根误差及拟合优度，结果见表 3-7。可以得出热斑组件 I-V 曲线上的台阶段呈现出很强的线性特征，近似为一倾斜的直线段。

表 3-7　不同热斑组件 I-V 曲线台阶段拟合

热斑组件	台阶段拟合方程	方均根误差 RMSE	拟合优度 R^2
热斑组件样本 1	$I=-0.13U+9.91$	0.0072	0.9991
热斑组件样本 2	$I=-0.088U+8.10$	0.005325	0.9993
热斑组件样本 3	$I=-0.11U+7.67$	0.007349	0.9993

现假设组件中有一个电池单元为热斑电池，其余 59 个电池单元正常，如图 3-23 所示，其中 I_{SC} 为正常电池单元的短路电流，I_C 为二极管关断时对应的组件的输出电流，I_{SCH} 为热斑电池单元的短路电流，U_{rc} 为刚好满足公式（3-4）时热斑电池单元承受的反偏电压。热斑电池的漏电流大，等效并联电阻小于正常电池，所以其 I-V 特性有倾斜的直线特征。

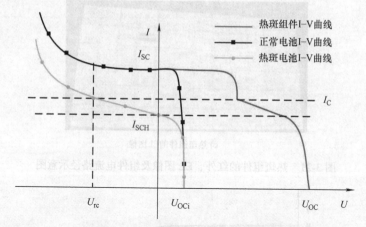

图 3-23　热斑组件的 I-V 输出特性示意图

当热斑组件工作在大电流区间，即 $I > I_C$ 时，由于热斑电池单元的反偏电压始终满足式（3-4），此时二极管导通，热斑电池单元所在的子串被旁路掉；当组件工作在 $I_{SCH} < I \leqslant I_C$ 电流区间时，此时二极管关断，热斑电池单元工作在反偏状态，组件的 I-V 特性曲线由 1 个工作在反偏状态下的热斑电池单元与其余 59 个正常电池单元 I-V 曲线复合而成，将出现台阶且台阶段呈现倾斜的直线特征；当组件工作在 $I < I_{SCH}$ 电流区间时，热斑电池单元处于正向发电状态，与其余 59 个正常电池片共同输出功率。所以有热斑故障的组件 I-V 特性台阶段出现倾斜的直线特征。综上，热斑电池单元的工作区间和工作状态见表 3-8。

表 3-8　热斑电池单元在不同电流区间的工作状态

电流区间	工作状态
$I_C \leqslant I \leqslant I_{SC}$	热斑电池所在子串旁路二极管导通
$I_{SCH} \leqslant I \leqslant I_C$	反向偏置，消耗功率
$0 \leqslant I \leqslant I_{SCH}$	正向发电

　　根据光伏电池的反偏模型仿真结果以及对热斑组件 I-V 特性曲线的分析，可以得出热斑电池单元漏电流大的特性，等效并联电阻小于正常电池单元。因此可以对光伏组件中的电池单元并联电阻，减小等效并联电阻，增大漏电流来模拟热斑故障。实验示意图如图 3-24 所示，通过改变电池单元并联电阻的大小，获取光伏组件的 I-V 曲线，结果如图 3-25 所示。随着并联电阻阻值的减小，电池单元的等效电阻减小，分流作用越明显，热斑特征也越显著。

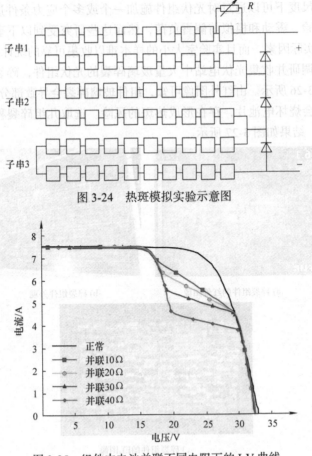

图 3-24　热斑模拟实验示意图

图 3-25　组件中电池并联不同电阻下的 I-V 曲线

3.2.6　玻璃碎裂

光伏电池的碎裂是光伏组件的一个严重问题,因为它们很难避免,而且到目前为止,它们对组件寿命的影响基本上是无法量化的。在组件的运输、安装或者实际运行中,光伏组件可能受到恶劣环境的影响,飞石等尖锐物击中前板玻璃造成破裂。组件中电池的碎裂可能会造成电池单元间的互联断开,导致组件输出功率下降,绝缘失效,不符合安全规范,存在组件漏电等安全隐患。在碎裂前期,当碎裂存在于光伏电池中时,与电池分离的部件可能不会完全断开,随着运行周期的延长,裂纹之间的串联电阻随电池部分之间的距离和组件变形的循环次数而变化[36]。但是,当电池部分完全隔离时,电流的减小与断开区域成比例[37]。目前,对于光伏组件碎裂问题缺乏有效的诊断方法,在光伏工业中通过电池裂纹检测技术,可以在线且非破坏性地筛选出光伏组件中存在的裂纹,如共振超声振动(RUV),这有助于减少由于有缺陷的晶片而导致的电池碎裂,但它不能减轻光伏组件制造过程中产生的裂纹[37]。通常在实验室尺度下可以通过对光伏组件施加一个或多个应力条件进行预测,如热循环、弯曲试验、震动和模拟前侧雪负荷,然而这些研究受到以下事实的限制:它们很少考虑到实际因素,而且实验室大小的样本难以收集可靠的统计数据。

本节实地调研并收集光伏电站中大量玻璃碎裂的光伏组件,碎裂组件的红外图像及外观如图 3-26 所示。由红外图像可知,组件玻璃碎裂会导致部分电池片的发热,持续运行可能会烧坏电池片,存在形成热斑的风险。选取几组碎裂程度不同的组件进行 I-V 测试,结果如图 3-27 所示。

a) 碎裂组件的红外图像

b) 碎裂组件外观

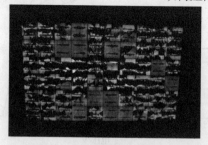

c) 碎裂组件的EL图像

图 3-26　玻璃碎裂组件的红外、EL 图像及外观

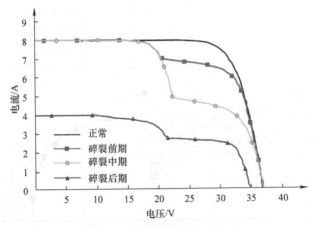

图 3-27　玻璃碎裂组件的 I-V 曲线

由图 3-27 的测试结果得出，前板玻璃碎裂组件的 I-V 曲线存在阶梯，且阶梯段呈现凸函数特征，这是由于玻璃和电池片碎裂的不均匀，叠加导致 I-V 曲线出现凸函数特征。碎裂前期短路电流 I_{SC} 和开路电压 U_{OC} 基本不变；随着碎裂程度加深，电池片损坏严重，产生电流能力急剧下降，短路电流大幅度减小，碎裂电池单元内部短路，导致组件的开路电压也会减小。对玻璃碎裂组件 I-V 曲线的台阶段进行多项式拟合，其结果见表 3-9。根据表 3-9 的拟合结果可以得出，碎裂组件 I-V 曲线的台阶段的二次拟合具有很强相关性，呈现出凸函数特征。

表 3-9　不同玻璃碎裂组件 I-V 曲线台阶段拟合

碎裂组件	台阶段拟合方程	方均根误差 RMSE	拟合优度 R^2
碎裂前期	$I=-0.025U^2+1.35U-11.58$	0.0072	0.9991
碎裂中期	$I=-0.026U^2+1.42U-15.14$	0.005325	0.9993
碎裂后期	$I=-0.029U^2+1.67U-21.51$	0.007349	0.9993

碎裂组件 I-V 曲线阶梯段呈现凸函数特征，现结合图 3-28 分析碎裂组件的 I-V特性。假设同一个子串中存在 3 个碎裂的电池单元，其余 57 个电池单元正常，碎裂电池单元因碎裂程度不同，所以其反偏特性也有差异。图 3-28 中 I_{SC} 为正常电池单元的短路电流，I_C 为二极管关断点对应的电流，I_{SC1}、I_{SC2}、I_{SC3} 分别是三个碎裂电池单元的短路电流，当组件电流为 I_C 时，二极管临界关断。设正常电池单元的工作电压为 U_i，三个碎裂电池单元对应的工作电压分别为 U_{b1}、U_{b2}、U_{b3}，U_c 为二极管导通阈值电压。当存在碎裂的光伏子串的电压满足关系式（3-5），此时碎裂电池单元所在的光伏子串的旁路二极管导通。

$$U_{b1}+U_{b2}+U_{b3}-\sum_{i=1}^{17}U_i \geqslant U_c \qquad (3-5)$$

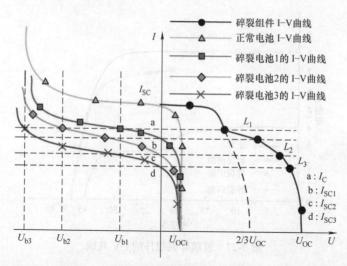

图 3-28　玻璃碎裂组件的 I-V 输出特性示意图

　　当组件电流工作在 $I_C < I \leqslant I_{SC}$ 区间时，碎裂子串所在的旁路二极管导通，组件的 I-V 曲线为其余两个无碎裂子串的 40 个正常电池单元的复合；当碎裂光伏组件在 $I_{SC1} < I \leqslant I_C$ 区间时，二极管关断，此时三个碎裂的电池单元都工作在反偏状态，对应 I-V 曲线上 L_1 段为三个反偏状态的碎裂电池单元与其余正常电池单元复合作用的结果；当组件工作在 $I_{SC2} < I \leqslant I_{SC1}$ 区间时，碎裂电池单元 1 处于正向工作状态，其余两个碎裂电池单元仍工作在反偏状态，对应 I-V 曲线上 L_2 段为一个工作在正向状态、两个工作在反偏状态的碎裂电池单元与其余正常电池单元复合作用的结果，因为碎裂电池单元 1 处于正向状态，所以 L_2 段较 L_1 段倾斜；当组件工作在 $I_{SC3} < I \leqslant I_{SC2}$ 区间时，碎裂电池单元 1 和 2 处于正向工作状态，碎裂电池单元 3 工作在反偏状态，对应 I-V 曲线上 L_3 段为两个工作在正向状态、一个工作在反偏状态的碎裂电池单元与其余正常电池单元复合作用的结果，同理 L_3 段较 L_2 段倾斜；当组件工作在 $I \leqslant I_{SC3}$ 区间时，三个碎裂的电池单元都处于正向工作状态，I-V 曲线为三个处在正向状态的碎裂电池单元与其余正常电池单元的复合。实际情况下碎裂组件中碎裂电池单元较多且碎裂程度不均匀，所以碎裂组件的 I-V 曲线出现较多斜率不同的倾斜段，复合后呈现出凸函数特征。综上，碎裂电池单元的工作区间和工作状态见表 3-10。

表 3-10　碎裂电池单元在不同电流区间的工作状态

电流区间	工作状态
$I_C \leqslant I \leqslant I_{SC}$	碎裂电池子串旁路二极管导通
$I_{SC1} \leqslant I \leqslant I_C$	三个碎裂电池都反向偏置
$I_{SC2} \leqslant I \leqslant I_{SC1}$	碎裂电池 1 正向发电，2 和 3 反向偏置
$I_{SC3} \leqslant I \leqslant I_{SC2}$	碎裂电池 1 和 2 正向发电，3 反向偏置
$0 \leqslant I \leqslant I_{SC3}$	三个碎裂电池都正向发电

3.2.7 故障特征

根据以上不同故障类型的光伏组件的 I-V 曲线测试与分析,提取各种光伏组件故障类型对应的故障特征。综合以上,非失配故障光伏组件的 I-V 曲线凹凸性保持不变,失配故障使得光伏组件的 I-V 曲线出现台阶段,曲线的凹凸性改变。其中老化组件的 I-V 曲线最大功率降低,填充因子下降,开路电压处斜率绝对值减小,表征为组件的串联电阻增加;二极管短路故障导致所在子串电压缺失,使得组件的开路电压相应缺失;PID 故障使得组件的功率下降,开路电压降低,并且 PID 组件的开路电压随着辐照度升高而增加。组件中被遮挡的电池单元由于处于反偏状态,所在子串的旁路二极管导通,使得组件的 I-V 曲线出现台阶段,且台阶段近似为平坦的直线段;热斑电池的漏电流大,等效并联电阻小,所以 I-V 曲线在反偏区上翘,热斑电池的 I-V 曲线与正常电池的曲线复合后热斑组件的 I-V 曲线出现台阶段,且台阶段为倾斜的直线段;玻璃碎裂的组件 I-V 曲线也会出现台阶段,台阶段特征不同于阴影和热斑故障,由于电池单元碎裂的不均匀性,所以碎裂组件的 I-V 曲线经过复合后台阶段呈现为凸函数特征。综上所述,各故障类型的光伏组件在 I-V 曲线上的故障特征总结见表 3-11。

表 3-11 不同故障类型的光伏组件在 I-V 曲线上的故障特征

故障类型	故障特征
老化	R_s 增大,FF 减小
二极管短路	开路电压成比例下降
PID	开路电压减小
阴影	拐点及平坦的台阶段
热斑	拐点且台阶段为倾斜的折线段
玻璃碎裂	拐点且台阶段为凸函数特征

因为光伏组件 I-V 曲线的形貌与其故障类型可以很好地对应,结合以上几种故障态下的 I-V 曲线特征,图 3-29 给出了 I-V 曲线的几种可能的变化趋势和与其对应的故障类型。每个区域 I-V 曲线的变化趋势则对应了可能的故障类型,引发 I-V 曲线变化的可能原因见表 3-12。

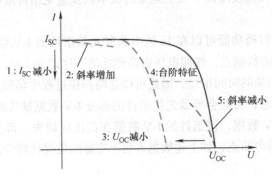

图 3-29 光伏组件 I-V 曲线可能的几类变化趋势

表 3-12   I-V 曲线可能的变化趋势与其对应的故障类型

区域	特征	故障类型
1	I_{SC} 减小	大面积阴影，严重碎裂
2	短路电流处斜率增大	老化，PID
3	U_{OC} 减小	二极管短路，PID
4	拐点和台阶	阴影，热斑，玻璃碎裂
5	开路电压处斜率减小	老化，PID

3.3   故障解耦与诊断方法

根据实际电站大量光伏组件的测试，通过分析不同故障类型光伏组件的 I-V 数据可以提取到每类故障对应的故障特征。然而，由于实际中故障的复杂多变性以及故障之间的耦合，如失配故障都会使得组件的 I-V 曲线的凹凸性发生改变，造成了 I-V 曲线出现拐点和台阶段，单独利用光伏组件的 I-V 曲线的变化趋势进行故障诊断时难以直接有效地解耦多类故障。因此，需要对光伏组件的 I-V 数据进一步挖掘，从而实现光伏组件不同类型故障的准确解耦与精准识别。

3.3.1   I-V 数据筛选与处理

本章中实验测试中所用的数据均来源于分布式式发电系统中的光伏组件，分布式发电系统为每个光伏组件配备一个具有 DC/DC 和最大功率点跟踪（Maximum Power Point Tracking，MPPT）及 I-V 曲线扫描等功能的优化器，下发 I-V 曲线扫描指令后可以快速获取组串中所有组件的 I-V 曲线数据，进一步利用其 I-V 数据进行在线分析与故障诊断，系统结构如图 3-30 所示。如果存在故障，系统就会上报至监控中心以便维护，大幅度降低了人工运维的成本以及避免组件故障可能产生的严重后果。

优化器的 I-V 扫描功能可以在 1s 秒内获取光伏组件的 I-V 数据，包含 32 组电压各异的电压、电流数据点，按照电压由高到低的顺序记为（U_i，I_i），其中 i=0，1，2，…，31，由于扫描的时间很短，因此可以忽略扫描过程中辐照度的变化。实际中由于数据采集的问题，可能会导致光伏组件的部分 I-V 数据缺失或异常。图 3-31 所示为一组异常的 I-V 数据，该组件的 I-V 数据在高压区缺失一部分，导致采集到的 I-V 数据不包含开路电压点，如上述数据采集不完整的情况比较少。

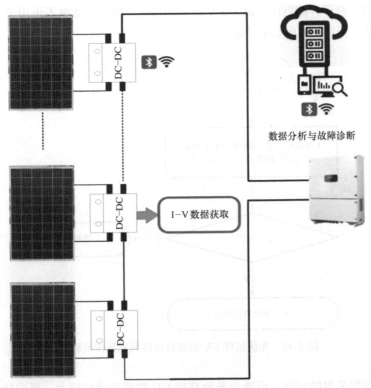

图 3-30　数据采集与故障诊断系统

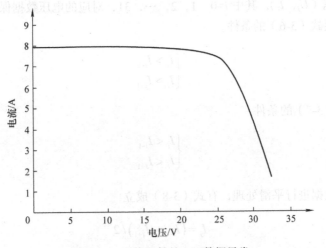

图 3-31　光伏组件的 I-V 数据异常

为了避免后续故障诊断过程中发生误判，因此有必要对 I-V 数据符合性进行判断，其算法流程图如图 3-32 所示。正常情况下组件 I-V 数据中的（U_0，I_0）对应开路电压点，因此为判断 I-V 数据是否缺失，判断理论开路电压点处的电流即可。根据以上判断，对于开路电压处缺失 I-V 数据的情况，则该组数据不再用于故障诊断，其 I-V 数据不符合，输出数据异常。

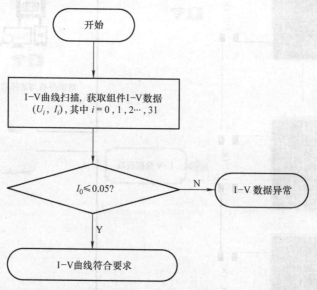

图 3-32 光伏组件 I-V 数据符合性判定算法流程图

由于数据采集的问题，可能会导致获得 I-V 数据抖动比较大，影响后续用于故障诊断，所以为了消除 I-V 数据的抖动，对原 I-V 数据进行平滑处理。光伏组件的电压、电流数据（U_i，I_i），其中 i=0，1，2，…，31，对应的电压数据保持不变，当电流数据 I_i 满足式（3-6）的条件。

$$\begin{cases} I_i > I_{i-1} \\ I_i > I_{i+1} \end{cases} \tag{3-6}$$

或者满足式（3-7）的条件

$$\begin{cases} I_i < I_{i-1} \\ I_i < I_{i+1} \end{cases} \tag{3-7}$$

则对于电流数据进行平滑处理，有式（3-8）成立

$$I_i = \left(I_{i-1} + I_{i+1} \right) / 2 \tag{3-8}$$

以上过程循环 30 次，得到平滑处理后的数据，按照电压从大到小顺序排列（U_n，I_n），其中，n=0，1，2，…，31。平滑处理前后的数据对比如图 3-33 所示，可以看出经过平滑处理后的 I-V 曲线数据波动性较小。I-V 数据平滑处理的算法流程图如图 3-34 所示。

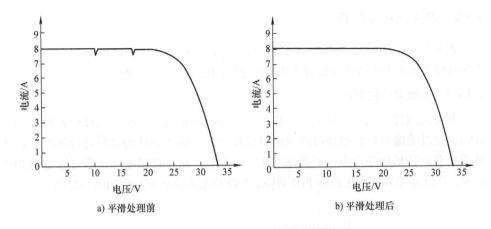

a) 平滑处理前　　　　　　　　　　　　　　b) 平滑处理后

图 3-33　光伏组件的 I-V 数据平滑处理前后对比

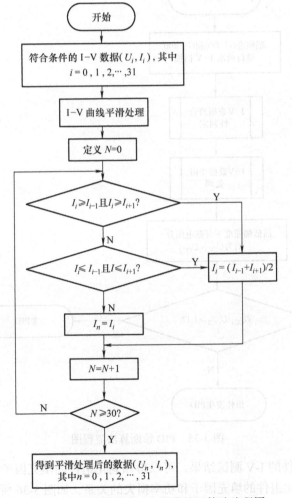

图 3-34　光伏组件的 I-V 平滑处理算法流程图

3.3.2 非失配故障诊断

根据以上故障特征，得出非失配故障组件的 I-V 曲线的凹凸性不改变，利用非失配故障类型的 I-V 特征参数对具体的故障原因进行识别与判断。

3.3.2.1 关键参数判别法

非失配故障的光伏组件关键参数发生改变，因此对于老化、二极管短路和 PID 故障，通过关键参数的组合可以判断出故障类型。由于 PID 的诊断进行两次 I-V 扫描需要获取高低辐照度下的开路电压 U_{OC1}、U_{OC2}，通过开路电压比即可诊断出 PID 故障，因此在非失配中先诊断 PID 故障，PID 诊断的算法流程图如图 3-35 所示。

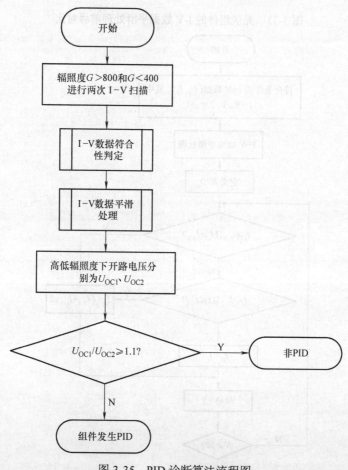

图 3-35　PID 诊断算法流程图

根据老化组件的 I-V 测试结果，可以得知老化组件的填充因子降低。根据多组测试数据分析老化组件的填充因子和功率损失的关系，如图 3-36 所示，得出老化组件的填充因子和功率损失成负相关。

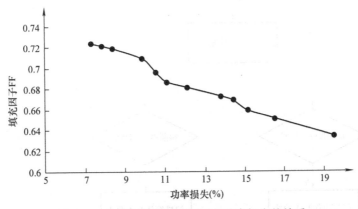

图 3-36　光伏组件的填充因子与功率损失的关系

针对老化故障，本文将功率损失超过 10% 的组件判别为老化故障，即填充因子低于 0.7。对于二极管短路故障，则通过高辐照度下的组件实测开路电压 U_{OC} 与标准测试环境（STC）下的组件开路电压 $U_{OC(STC)}$ 的关系来判断，其中 $U_{OC(STC)}$ 可从组件的铭牌参数获取，有如下式（3-9）成立。

$$N = \left[\frac{3(U_{OC(STC)} - U_{OC})}{U_{OC(STC)}} \right] \qquad (3\text{-}9)$$

其中，N 为组件内二极管短路的数目；$y=[x]$ 为取整函数，N 的可能取值为 0，1，2，3。判断 N 的数值可以判断出组件内是否存在二极管短路及短路的二极管数目。通过组件的开路电压和填充因子等关键参数，可以诊断出以上非失配故障的故障类型，具体诊断算法流程图如图 3-37 所示。

3.3.2.2　最优组件对比法

关键参数法诊断非失配故障时，利用组件自身的 I-V 曲线获取的关键参数进行判断，而最优组件对比法则是根据组件自身的 I-V 曲线与组串中的最优的组件 I-V 曲线进行横向对比来诊断是否存在非失配故障。实际情况下的并网发电系统中存在多台逆变器，而每一台组串式逆变器通常接有多个光伏组串。根据获取到的各个组串下每块光伏组件的 I-V 曲线，先在同一组串下选取最优组件，若同一组串下不存在符合条件的最优组件则在当前逆变器下其余组串中选取最优组件，若当前逆变器下的所有光伏组件也不存在符合条件的最优组件，则在整个方阵其余逆变器下的光伏组串中寻找最优组件。一般情况下，整个光伏组串中的所有光伏组件都存在故障的概率很小，所以最优组件一般可从组件本身所在的光伏组串中找到，最优组件的选取流程如图 3-38 所示。

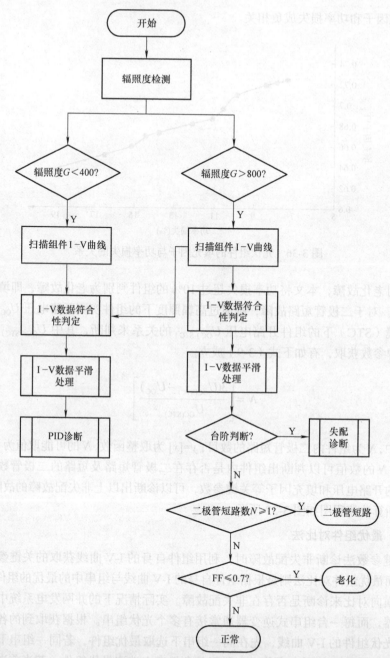

图 3-37 关键参数判别法的光伏组件非失配故障诊断算法流程图

最优组件的选取首先判断组串内组件的填充因子，填充因子越高的组件，则其质量越好，有更好的参考意义。选取组串内填充因子最高的组件进行判断，组件的填充因子满足式（3-10）。

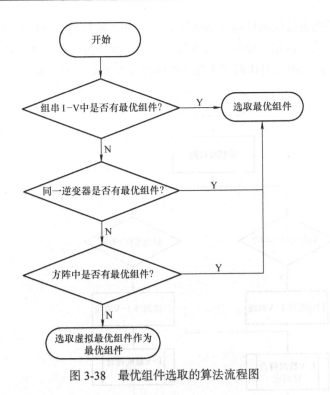

图 3-38　最优组件选取的算法流程图

$$FF \geqslant FF_{OP} \tag{3-10}$$

该组件可作为最优组件，其中 FF_{OP} 为最优组件选取时填充因子的阈值，然后获取最优组件的开路电压 U_{OCOP}，短路电流 I_{SCOP}，计算该最优组件的串联电阻 R_{SOP}。

　　若无满足上述（3-10）条件的组件，则选取组串中组件的最大开路电压，记为 $maxU_{OC}$，最大短路电流，记为 $maxI_{SC}$，最小串联电阻，记为 $minR_S$，作为最优组件的参数。串联电阻的大小可以表征组件的老化程度，在 I-V 曲线上可以用开路电压处的斜率计算，串联电阻的计算公式以及老化的判断条件为式（3-11）和式（3-12）。

$$R_S = \frac{U_0 - U_1}{I_1 - I_0} \tag{3-11}$$

$$\Delta R_S = R_S - R_{SOP} \tag{3-12}$$

其中，（U_0，I_0）和（U_1，I_1）为开路电压处两点的电压和电流，ΔR_S 为实测组件的串联电阻 R_S 与最优组件的串联电阻 R_{SOP} 的差值。根据串联电阻老化模拟的实验可知，当组件的串联电阻增加 0.3Ω 时，组件的功率衰减为 10%，所以 ΔR_S 的阈值选择为 0.3。当 ΔR_S 大于 0.3 则认为组件发生老化，反之组件没有老化。对于二极管短路故障的判断同上述关键参数辨别法，将式（3-10）中标准环境测试（STC）下的开路电

压 $U_{OC(STC)}$ 替换为最优组件的开路电压 U_{OCOP}。PID 故障的诊断仍采用高低辐照下的组件开路电压比。以最优组件的参数作为参考，其余组件与最优组件进行对比判断非失配故障，最优组件对比的非失配故障诊断流程如图 3-39 所示。

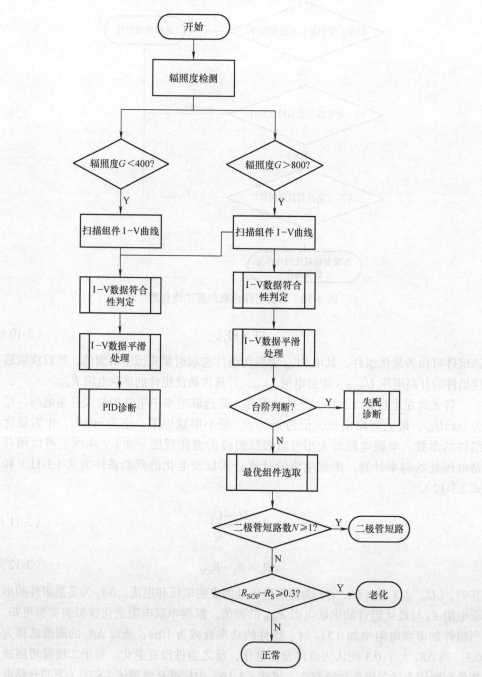

图 3-39　最优组件对比法的非失配故障诊断算法流程图

3.3.3 失配故障诊断

由于光伏组件内电池单元失配工作在反偏状态，导致其所在子串的旁路二极管导通，所以失配组件的 I-V 曲线会出现拐点和台阶特征，I-V 曲线的凹凸性发生改变。根据 I-V 曲线的凹凸性判断是否组件发生失配，对 I-V 曲线的拐点进行检测，按照 I-V 曲线电压由低到高的方向，规定凹凸性改变的点为下拐点，即低电压点，而台阶段的终点为上拐点，即高电压点。通过 I-V 曲线的拐点检测，可以确定台阶段的电压区间，根据 I-V 曲线台阶段的数据进一步解耦出阴影、热斑和玻璃碎裂的故障特征。除了利用 I-V 曲线凹凸性，也可根据 I-V 曲线的区域特征点进行失配故障的诊断。

3.3.3.1 基于 I-V 曲线凹凸性的失配故障诊断方法

利用 I-V 曲线的凹凸性进行失配故障诊断，诊断过程分为两个步骤：一是检测 I-V 曲线的上下拐点确定台阶区间，二是检测台阶段的特征解耦出具体的故障类型。

1. I-V 曲线的拐点检测

失配组件 I-V 曲线的凹凸性发生改变，表现为 I-V 曲线上存在拐点，下拐点即为二极管关断点。根据 I-V 曲线的凹凸特性，利用构造检测直线和函数处理的方法对 I-V 曲线的拐点进行检测，现总结有如下方法。

方法一：凹凸函数定义检测法

根据凹凸函数的定义，对 I-V 曲线凹凸性进行检测。I-V 曲线的凹凸检测方法如图 3-40 所示。

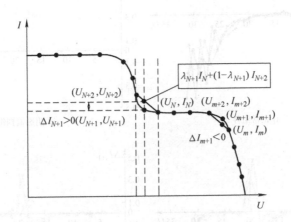

图 3-40　光伏组件的填充因子与功率损失的关系

当出现失配时 I-V 曲线出现台阶，在拐点处 I-V 曲线的凹凸性改变。每三点构成凹凸性检测点，对 I-V 数据进行遍历。I-V 曲线上的电压电流数据点一一对应，为函数关系，表达式记为式（3-13）。

$$I_N = f(U_N) \tag{3-13}$$

式中，N 为 0~31 的整数。对于 I-V 曲线上第 $N+1$ 个点（U_{N+1}，I_{N+1}），及其临近两点（U_N，I_N）和（U_{N+2}，I_{N+2}），作如下判断，定义变量 λ_{N+1}，λ_{N+1} 的表达式如式（3-14）所示。

$$\lambda_{N+1} = \frac{U_{N+1} - U_{N+2}}{U_N - U_{N+2}} \tag{3-14}$$

则有式（3-15）和式（3-16）成立。

$$U_{N+1} = \lambda_{N+1} U_N + (1 - \lambda_{N+1}) U_{N+2} \tag{3-15}$$

$$I_{N+1} = f(U_{N+1}) = f\left[\lambda_{N+1} U_N + (1 - \lambda_{N+1}) U_{N+2}\right] \tag{3-16}$$

根据上式，定义 I-V 曲线凹凸检测的特征值为 ΔI_{N+1}，ΔI_{N+1} 的表达式为式（3-17）。

$$\Delta I_{N+1} = f(U_{N+1}) - \left[\lambda_{N+1} f(U_N) + (1 - \lambda_{N+1}) f(U_{N+2})\right] \tag{3-17}$$

以上公式中 N 的取值为 0~29 之间的整数。

根据曲线凹凸性的定义，理论上，当存在 $\Delta I_{N+1} > 0$ 时，I-V 曲线有台阶出现为凹函数特性，组件存在电流失配故障，反之 I-V 曲线为凸函数特性，组件无失配。通过多组不同故障类型的光伏组件 I-V 数据，提取其 ΔI_{N+1} 值，选取不同故障类型的光伏组件，计算其 ΔI_{N+1} 值的分布，结果如图 3-41 所示。

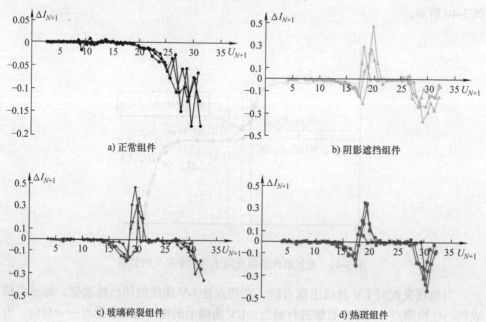

a) 正常组件　　　　　　　　　　　　b) 阴影遮挡组件

c) 玻璃碎裂组件　　　　　　　　　　d) 热斑组件

图 3-41　不同故障类型光伏组件的 ΔI_{N+1} 值

　　可以看出当 I-V 曲线存在失配时，ΔI_{N+1} 会出现正峰值，正峰值点即为台阶的起点，即为拐点，负峰值点对应 I-V 曲线的膝部位置，即为台阶段的终点。根据 ΔI_{N+1} 的正峰值可以判断组件是否发生失配，而 ΔI_{N+1} 的正负峰值点对应的电压电流坐标即为台阶段的起点和终点，以此确定台阶区间。

　　方法二：I-V 曲线定直线变步长检测法

　　根据 I-V 曲线的特性，可以采用构造直线的方法检测拐点和台阶区间，拐点检测方法如图 3-42 所示。

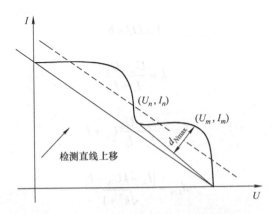

图 3-42　I-V 曲线定直线变步长检测法的示意图

　　以 I-V 曲线上的短路电流点（U_{31}，I_{31}）和开路电压点（U_0，I_0）斜率构造检测直线，获取多组平行的直线簇，斜率以及直线方程的表达式为式（3-18）和式（3-19）。

$$k = \frac{I_{31} - I_0}{U_{31} - U_0} = -\frac{I_{31}}{U_0} \tag{3-18}$$

$$I_N = kU_N + b_I \tag{3-19}$$

其中，b_I 为检测直线变化步长，也是直线和电流轴的交点，b_I 的初始取值为短路电流 I_{31}，为保证检测直线包络整个 I-V 曲线，所以理论上 b_I 的最大值不会超过两倍的短路电流值，即 $2I_{31}$，因为当直线经过虚拟最大功率点时，I-V 曲线完全在检测直线下方，将（U_0，I_{31}）代入直线方程可求得此时截距 b_I 值为 $2I_{31}$，所以 b_I 的取值范围是 [I_{31}，$2I_{31}$]。不同的步长 b_I 代表了不同的检测直线，设置步长增量 Step_b 阈值为 0.01。将 I-V 曲线上的数据点与每一条检测直线进行对比，若同时满足以下条件：

　　曲线上存在某点位于直线下方，即 $I_N < kU_N + b_I$；

　　该点临近的两点也位于直线下方，即 $I_{N-1} < kU_{N-1} + b_I$，$I_{N+1} < kU_{N+1} + b_I$，$I_{N-1} > 0$；

　　该点临近的另外两点位于直线上方，即 $I_{N-4} > kU_{N-4} + b_I$，$I_{N+4} > kU_{N+4} + b_I$，$I_{N-4} > 0$。

则 I-V 曲线有下拐点，停止比较，该光伏组件存在失配，记录下满足条件的点的坐标（U_n，I_n），即为下拐点的电压电流；若不满足，则改变 b_1 的值，令 $b_1 = b_1 +\text{Step\_b}$，与下条直线比较，重复上述判断，直到 b_1 的上限值仍没有满足上述条件的话，则不存在失配。根据以上方法确定了台阶段的下拐点，然后根据第二条定直线，由下拐点（U_n，I_n）和开路电压点（U_0，I_0）构成的检测直线，进而计算上拐点至开路电压点范围内的 I-V 数据到检测直线的最大值，该最大值对应的坐标（U_m，I_m），即为台阶段终点对应的电压电流值，台阶区间即为（U_n，U_m）。台阶终点检测直线的方程为式（3-20）、式（3-21）和式（3-22），I-V 曲线上的数据点到检测直线的距离表达式为式（3-23）。

$$I = kU + b \tag{3-20}$$

$$k = \frac{U_n - U_0}{I_n - I_0} \tag{3-21}$$

$$b = -\frac{U_n - U_0}{I_n - I_0}U_n + I_n \tag{3-22}$$

$$d_{\text{DN}} = \frac{|I_N - kU_N - b|}{\sqrt{k^2 + 1}} \tag{3-23}$$

所以通过开路电压和短路电路处的定斜率变步长检测直线可以判断是否发生失配，发生失配的情况下检测出下拐点的坐标。进一步利用下拐点和开路电压点构造定直线检测台阶段终点，根据下拐点至开路电压点范围内的 I-V 数据到检测直线距离的最大值 d_{DNmax} 确定台阶段终点。

方法三：I-V 曲线五点直线检测法

平滑处理后的 I-V 数据，按照电压从大到小顺序排列（U_n，I_n），其中，n=0，1，2，…，31。利用 I-V 曲线上的数据点，通过检测直线与 I-V 曲线上点的距离来判定 I-V 曲线拐点，以 I-V 曲线上每间隔 5 点的两点构成检测直线遍历整个 I-V 曲线。检测方法如图 3-43 所示，相邻五点首尾构成检测直线，如点（U_N，I_N），（U_{N+1}，I_{N+1}），…，（U_{N+4}，I_{N+4}），其中，N=0，1，2，…，27。以（U_N，I_N）和（U_{N+4}，I_{N+4}）两点构成检测直线，直线方程表达式为式（3-24）。

$$I = \frac{I_N - I_{N+4}}{U_N - U_{N+4}}(U - U_N) + I_N \tag{3-24}$$

令 $I=kU+b$，其中 k 和 b 的表达式如式（3-25）和式（3-26）。

$$k = \frac{I_N - I_{N+4}}{U_N - U_{N+4}} \tag{3-25}$$

$$b = -\frac{I_N - I_{N+4}}{U_N - U_{N+4}} U_N + I_N \tag{3-26}$$

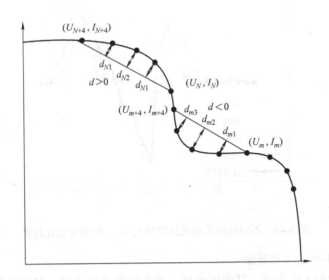

图 3-43　五点 I-V 曲线拐点检测方法示意图

计算其余曲线上 3 点到检测直线的距离，记为 d_{N1}、d_{N2}、d_{N3}，规定 I-V 曲线上的点在检测直线上方时距离为正值，反之为负。取以上三点到直线距离的最大值，记为 d_{Nmax}，其中 d_N 的表达式如下式（3-27）。

$$d_N = \frac{I_N - kU_N - b}{\sqrt{k^2 + 1}} \tag{3-27}$$

其中，N=1，2，…，28。距离 d_N 有正负，当为正值时表示 I-V 曲线上的点在检测直线上方，则此检测直线区域内的 I-V 曲线为凸函数特征，反之在检测直线下方，此时 I-V 曲线为凹函数特征，通过检测直线遍历 I-V 曲线上的数据点，而在直线下方距离最大值点对应的即为拐点，也即下拐点，得到对应 d_{Nmax} 时 I-V 曲线上的坐标（U_N，I_N）。对不同失配故障类型的光伏组件求解上述 d_{Nmax} 的分布值，得出不同故障类型的 d_{Nmax} 的曲线变化趋势如图 3-44 所示。

　　由以上不同类型组件的 d_{Nmax} 分布曲线，可以得出当组件没有发生失配时，I-V 曲线上没有拐点，曲线凹凸性不改变，I-V 曲线上点都在五点构成的检测直线的上方，所以 d_{Nmax} 的值始终为正。当组件出现失配时，I-V 曲线出现拐点和台阶特征，曲线的凹凸性改变，当出现拐点时 d_{Nmax} 值从正跃变为负，而后又跃变为正值。其中 d_{Nmax} 的负峰值对应的电压点即为台阶段起点对应的电压记为 U_n，负峰值后一个正峰值点所对应的电压点即为台阶段终点对应的电压记为 U_m，台阶区间即为（U_n，U_m），由此可以根据检测直线与 I-V 曲线上数据点的距离判断台阶和确定台阶区间。

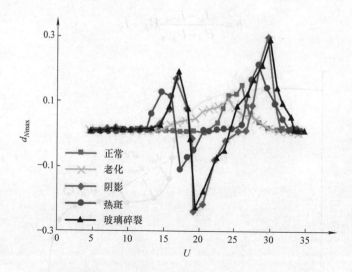

图 3-44　不同故障类型光伏组件的 $d_{N\max}$ 的曲线变化趋势

方法四：I-V 曲线求导法

对于连续的 I-V 曲线，其曲线可导。当曲线出现拐点时，对应导数的峰值。对离散的 I-V 数据点（U_n, I_n），其 I-V 曲线导数的表达式为式（3-28）。

$$\frac{\mathrm{d}I}{\mathrm{d}U} = \frac{I_n - I_{n+1}}{U_n - U_{n+1}} \tag{3-28}$$

其中，n 的取值为从 0~30 的整数，利用相邻两点斜率表示离散 I-V 数据的导数值。对不同故障类型的光伏组件 I-V 曲线进行求导，导数值变化如图 3-45 所示。

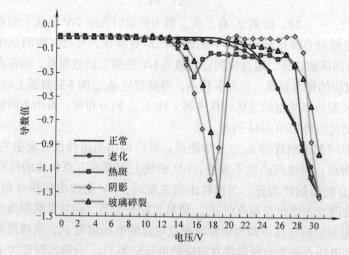

图 3-45　不同故障类型光伏组件 I-V 曲线的导数值

失配组件的 I-V 曲线存在拐点，在求导后对应拐点处导数值出现跃变，负峰值对应的就是拐点，即台阶段起点。然后利用下拐点与开路电压处构成检测直线，根据下拐点至开路电压范围内 I-V 数据到检测直线的距离最大值确定台阶终点，具体方法同上述方法二中的上拐点检测。I-V 曲线求导法可以确定曲线的拐点，即台阶起点，而后构造检测直线确定台阶段的终点。

综合以上的基于 I-V 曲线凹凸性的拐点检测方法，对每种方法所用的特征量和算法实现的难易程度进行评估，对比以上的拐点检测方法，结果见表 3-13。

表 3-13　基于 I-V 曲线凹凸性的拐点检测方法对比

类别	方法一	方法二	方法三	方法四
构造检测直线数目	1	2	1	1
拐点特征量	ΔI_{N+1}	点与直线位置、d_{DNmax}	d_{Nmax}	导数值、d_{DNmax}
计算量	小	大	较大	一般
所需最少特征量	1	2	1	2

2. I-V 曲线的台阶段特征检测

通过上述 I-V 曲线凹凸检测确定了失配组件的台阶区间，因为阴影、热斑和玻璃碎裂故障的 I-V 曲线都存在台阶段，因此为了进一步解耦出具体的故障类型，有必要对台阶段的特征进行检测，台阶段特征如图 3-46 所示。

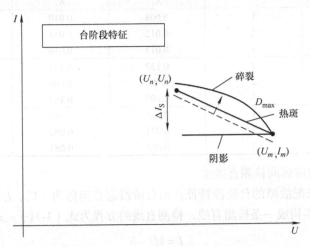

图 3-46　I-V 曲线台阶段特征示意图

阴影故障的台阶段为平坦的直线段，热斑组件的台阶段为倾斜的折线段，而玻璃碎裂组件的台阶段表现为凸函数特征。设台阶段起点坐标为（U_n, I_n），终点坐标为（U_m, I_m），则台阶段的电压区间为 [U_n, I_m]，有如下几种方法解耦出台阶段特征。

方法一：台阶段斜率组合法

根据不同故障下的台阶的特征，选取台阶区间内电压各异的三点，求取任意两点的斜率即可识别出具体故障。为方便说明，本节中选取的数据点为下拐点（U_n,

I_n），并以步长 $\Delta U=1$V 变化，选取台阶段其余两点 P_1 和 P_2，坐标分别记为（$U_n+\Delta U$，I_1），（$U_n+2\Delta U$，I_2）。分别计算下拐点与 P_1 的斜率绝对值 K_1 和 P_1 与 P_2 的斜率绝对值 K_2，其中，K_1 和 K_2 的表达式为式（3-29）和式（3-30）。

$$K_1 = \left| \frac{I_n - I_1}{-\Delta U} \right| = I_n - I_1 \tag{3-29}$$

$$K_2 = \left| \frac{I_1 - I_2}{-\Delta U} \right| = I_1 - I_2 \tag{3-30}$$

因为阴影故障的 I-V 曲线台阶段趋于常数函数，所以 K_1 和 K_2 的值趋于 0，热斑故障的台阶段近似为一次函数，所以 K_1 和 K_2 的值为大于 0 的某一值，且 K_1 和 K_2 近似相等，而玻璃碎裂组件的 I-V 曲线台阶段为凸函数特征，所以 K_1 和 K_2 为大于 0 的某一值，且 K_2 要大于 K_1。所以利用 K_1 和 K_2 的值区分热斑和阴影故障，根据 K_2 与 K_1 的比值辨别热斑和玻璃碎裂故障。选取多组不同故障类型的组件，计算上述特征参数，每种故障列出 3 组样本的计算结果见表 3-14。

表 3-14　台阶段斜率组合法参数计算结果

故障类型	样本	台阶段斜率		
		K_1	K_2	K_2/K_1
阴影	1	0.008	0.010	1.25
	2	0.012	0.014	1.17
	3	0.015	0.016	0.94
热斑	1	0.137	0.131	0.96
	2	0.093	0.090	0.97
	3	0.105	0.101	0.96
玻璃碎裂	1	0.065	0.089	1.37
	2	0.071	0.092	1.30
	3	0.063	0.081	1.29

方法二：台阶区间检测直线法

根据不同失配故障的台阶段特征，由台阶段起点坐标为（U_n，I_n），终点坐标为（U_m，I_m）的两点构成一条检测直线，检测直线的方程为式（3-31）~ 式（3-33）。

$$I = kU + b \tag{3-31}$$

$$k = \frac{U_n - U_m}{I_n - I_m} \tag{3-32}$$

$$b = -\frac{U_n - U_m}{I_n - I_m} U_n + I_n \tag{3-33}$$

如图 3-46 所示，根据台阶段的检测直线，可以得到以下特征量：台阶段的检测直线的斜率 k，台阶段的电流降 ΔI_s，台阶区间内 I-V 数据点到检测直线的距离 D_N。其中台阶段的电流降 ΔI_s 以及台阶内数据到检测直线的距离 D_N 的表达式如式（3-34）

和式（3-35）所示。

$$\Delta I_S = I_n - I_m \tag{3-34}$$

$$D_N = \frac{|I_N - kU_N - b|}{\sqrt{k^2+1}} \tag{3-35}$$

距离的最大值记为 $D_{N\max}$，根据不同失配类型组件的故障特征，对于阴影故障，则台阶段检测直线的斜率 k 和台阶段的电流降 ΔI_S 都趋于 0，台阶区间内点到检测直线的距离最大值 $D_{N\max}$ 也趋于 0；热斑故障的台阶段检测直线的斜率 k 为一负值，台阶段的电流降 ΔI_S 明显大于 0，台阶区间内点到检测直线的距离最大值 $D_{N\max}$ 趋于 0；而玻璃碎裂故障的台阶段检测直线的斜率 k 为小于 0 的值，台阶段的电流降 ΔI_S 大于 0，台阶区间内点到检测直线的距离最大值 $D_{N\max}$ 为大于 0 的某一值。不同故障类型下样本组件的参数计算结果见表 3-15。

表 3-15　台阶段检测直线法的参数计算结果

故障类型	样本	参数		
		ΔI_S	$\|k\|$	$D_{N\max}$
阴影	1	0.08	0.0073	0.025
	2	0.10	0.0078	0.017
热斑	1	1.26	0.12	0.012
	2	1.50	0.14	0.013
玻璃碎裂	1	0.78	0.13	0.12
	2	1.31	0.095	0.18

所以可以根据台阶段检测直线斜率 k 或者电流降 ΔI_S 诊断出阴影故障，通过台阶区间内点到检测直线的距离最大值 $D_{N\max}$ 识别出热斑和玻璃碎裂故障，也可通过 I-V 曲线上的点和检测直线的相对位置判断热斑和玻璃碎裂，玻璃碎裂的 I-V 曲线台阶段为凸函数特征，若对于台阶区间内所有的 I-V 数据点（除去台阶起点和终点），都满足以下关系式（3-36），则为玻璃碎裂故障，反之为热斑故障。

$$I_N > kU_N + b \tag{3-36}$$

方法三：自适应多项式拟合法

根据台阶段的特征，对台阶段的数据进行多项式拟合，对拟合多项式的系数进行判断。根据之前台阶段的拟合结果可知，线性拟合可以很好拟合出阴影和热斑的台阶段表达式，而玻璃碎裂的台阶段近似于抛物线特征，采用二次多项式拟合可以很好地匹配玻璃碎裂故障的台阶段特征。首先根据拟合优度 R^2 判断拟合曲线的质量，当 $R^2 \geqslant 0.9$ 时认为该拟合符合拟合曲线的标准。阴影故障台阶段拟合的一次项系数趋于 0，而热斑故障的一次项系数为大于 0 的某一值，所以通过线性拟合一次项系数的大小可以区分阴影和热斑故障，判断二次项系数可以诊断玻璃碎裂故障。选取几组不同失配故障类型台阶段数据进行拟合，结果见表 3-16。

表 3-16　不同故障类型组件的台阶段数据拟合结果

故障类型	台阶段拟合方程	方均根误差 RMSE	拟合优度 R^2
阴影	$I=-0.0064U+6.75$	0.0054	0.9523
	$I=-0.0071U+3.88$	0.0058	0.9427
热斑	$I=-0.11U+6.56$	0.0052	0.9949
	$I=-0.14U+8.78$	0.0061	0.9995
玻璃碎裂	$I=-0.027U^2+1.46U-16.48$	0.0157	0.9966
	$I=-0.022U^2+1.25U-9.89$	0.0231	0.9857

综合以上台阶段故障诊断方法，为解耦出台阶段的故障类型，至少需要两个特征量，台阶段检测方法对比见表 3-17。

表 3-17　I-V 曲线台阶段检测方法对比

类别	方法一	方法二	方法三
构造检测直线数目	2	1	—
特征量	K_1、K_2	ΔI_S、k、$D_{N\max}$	多项式系数
所需最少特征量	2	2	2

3.3.3.2　基于 I-V 曲线区间划分与特征点的失配故障诊断方法

根据以上电流失配类型的光伏组件故障特征，提出一种分区段台阶检测方法。以实验测试用光伏组件为例，组件有三个子串，因为组件的 I-V 曲线是由每个子串的 I-V 曲线复合而成，所以对光伏组件 I-V 曲线进行划分，分为两个区间，即低压段 $[0, 2/3U_{OC}]$ 和高压段 $[2/3U_{OC}, U_{OC}]$。I-V 曲线上出现的台阶拐点即对应子串并联的旁路二极管导通到关断的时刻，从曲线上选取 4 点进行故障诊断，如图 3-47 所示。分别为短路电流点 1 坐标为 $[0, I_{SC}]$，点 2 为 2/3 开路电压处对应的 I-V 曲线上的点 $[2/3U_{OC}, I_1]$，以及高压区另外两点，选取点 3 为 $[2/3U_{OC}+\Delta U, I_2]$，点 4 为 $[2/3 U_{OC}+2\Delta U, I_3]$，取 $\Delta U=1V$。当 I-V 曲线出现拐点时，电流会下降，所以定义台阶电流降 ΔI_D，用以检测当旁路二极管导通时可能出现的台阶，其中 ΔI_D 的表达式为式（3-37）。

$$\Delta I_D = I_{SC} - I_1 \qquad (3\text{-}37)$$

当光伏组件存在电流失配故障时，即 I-V 曲线有台阶，通过电流降 ΔI_D 的值可以判断曲线是否存在台阶。为进一步从台阶特征中解耦出阴影，热斑和玻璃碎裂故障，根据高压段台阶的特征进行区分。根据台阶段的诊断方法，利用点 2，点 3 和点 4 的斜率组合的方法解耦出阴影、热斑和玻璃碎裂故障。需要注意的是，当组件开路电压偏低时，如发生 PID 衰减，二极管短路等故障也会引起一定的电流降，所以应该限定光伏组件的电压在正常范围内。样本中几组不同故障类型的组件参数计算结果见表 3-18。

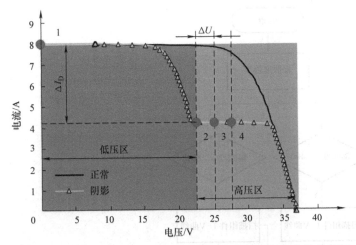

图 3-47　基于 I-V 曲线划分与特征点的失配故障诊断方法的示意图

表 3-18　基于 I-V 曲线特征点的失配故障诊断方法参数计算结果

故障类型	样本	台阶段斜率			
		ΔI_D	K_1	K_2	K_2/K_1
阴影	1	1.64	0.009	0.011	1.22
	2	3.68	0.007	0.009	1.29
	3	5.96	0.013	0.016	1.23
热斑	1	1.12	0.125	0.120	0.96
	2	1.67	0.127	0.121	0.95
	3	2.25	0.151	0.142	0.94
玻璃碎裂	1	1.11	0.067	0.091	1.36
	2	1.27	0.073	0.095	1.30
	3	2.89	0.061	0.079	1.30
正常	1	0.06	0.056	0.157	2.80
	2	0.09	0.053	0.149	2.81
	3	0.11	0.057	0.154	2.72

3.3.4　实例验证

结合分布式光伏发电系统的特点，利用可获得的光伏组件的 I-V 数据对其进行故障诊断和故障类型的识别，以下通过实例验证了几种方法的有效性。

3.3.4.1　基于 I-V 曲线五点检测直线的光伏组件故障诊断方法的实例验证

根据上述失配和非失配的故障诊断方法，本节非失配诊断部分采用关键参数对比法，失配诊断中利用 I-V 曲线五点检测直线法判断组件是否发生失配故障，而后利用台阶段的电流降 ΔI_S 和台阶区间点到台阶段检测直线的最大距离 $D_{N\max}$ 解耦出台阶段特征，具体的诊断算法流程图如图 3-48 所示。

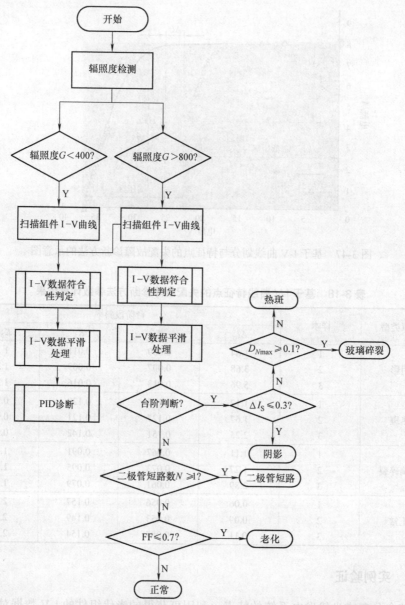

图 3-48　基于 I-V 曲线五点检测直线法的光伏组件故障诊断算法流程图

　　许多小型分布式发电系统在没有配备辐照仪的条件下，可以利用光伏组件的短路电流值 I_{SC} 估算光照强度，辐照度与短路电流的关系如式（3-38）所示。

$$G_C = \frac{1000 I_{SC}}{I_{SCSTC}}$$

（3-38）

式中，G_C 为实际光照强度值；I_{SCSTC} 为标准测试条件下（1000W/m²，25℃）测得的短路电流值。本书结合优化器的特点，根据以上诊断流程编写算法进行在线故障诊断。实验选择阳光电源 5MW 屋顶分布式光伏系统，光伏组串中的光伏组件配有功率优化器，可以获取到组件的 I-V 数据，实验验证系统如图 3-49 所示。

图 3-49　阳光电源屋顶 5MW 分布式发电系统实验平台

将已知故障类型的故障光伏组件更换到分布式发电系统中检测该方法的准确性，实验用故障组件样本 430 块，组件的类型和数量分布及故障诊断结果见表 3-19。

表 3-19　基于 I-V 曲线五点检测直线法的光伏组件故障诊断结果

组件类型	数量	比例（%）	准确率（%）
正常	100	18.9	100
老化	50	9.4	92
二极管短路	50	9.4	100
PID	40	7.5	92.5
阴影	120	22.6	100
热斑	100	18.9	95
玻璃碎裂	70	13.3	91.4

因为实验样本的选取具有随机性，从数据的统计和分析角度出发，由诊断结果可知，该方法具有较高的准确率。对于阴影和二极管短路故障可以达到 100% 的检出率，本次样本中阴影遮挡的最小尺度为组件内单个电池单元被遮挡 1/10，所以该方法对于阴影的检测十分灵敏。由于组件内的旁路二极管全部短路的概率很小，实际情况中当组件内的旁路二极管全部短路时表现为该组件无输出电压，此时无法通过优化器 I-V 扫描获取到该组件的 I-V 曲线，因此本次样本中选取的二极管短路的组件不存在全部的二极管短路。对于老化可以根据实际的组件情况调整 FF 的阈值，本节选择功率衰减大于 10% 的组件作为老化判别的依据，未检出的老化组件后续测试

发现其功率损失均在阈值 10% 以内；当发生轻微的 PID 时，开路电压减小的不明显，在检测阈值范围内，不会判断成 PID 故障；当组件存在轻微热斑时，I-V 曲线上的拐点和台阶段特征不明显，影响诊断准确率；碎裂后期的组件，电池单元碎裂趋于均匀，凸函数特征不明显，可通过短路电流进行判断。

3.3.4.2 基于 I-V 曲线划分和特征点的光伏组件故障诊断方法的实例验证

本方法中非失配故障的诊断采用最优组件对比法，失配故障利用 I-V 曲线的区域划分和区域特征点的斜率组合诊断，在低压区利用台阶段电流降 ΔI_D 诊断是否发生失配，在高压区利用区域特征点的斜率组合诊断台阶段特征。具体的诊断算法流程图如图 3-50 所示。

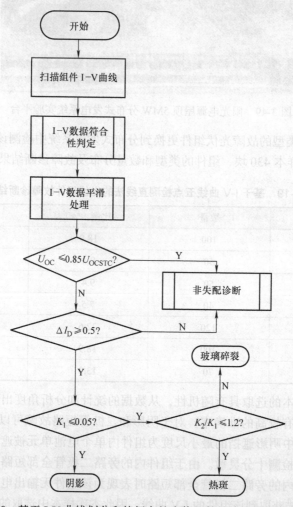

图 3-50　基于 I-V 曲线划分和特征点的光伏组件故障诊断算法流程图

首先判断光伏组件的开路电压是否偏低，开路电压低的组件进行 PID 和二极管短路故障诊断，如正常进行则电流失配诊断，然后根据台阶段电流降 ΔI_D 判断组件 I-V 曲线是否有台阶，设定阈值为 0.5A，若不存在台阶则进行老化诊断，当存在台阶时根据台阶段的特征区分阴影、热斑和碎裂故障，根据 K_1 或 K_2 趋于 0 判断阴影故障，当 K_1 或 $K_2 \leqslant 0.05$ 时，I-V 曲线存在阴影故障，进一步用 K_2/K_1 的比值区分，当 $K_2/K_1 > 1.2$ 时，台阶段为非线性特征，为玻璃碎裂故障，反之为热斑故障。根据以上诊断流程编写算法进行在线故障诊断。将电流失配类型的故障组件换到组串中，诊断结果见表 3-20。

表 3-20　基于 I-V 曲线划分和区域特征点的光伏组件故障诊断结果

组件类型	数量	比例（%）	准确率（%）
正常	100	20.8	100
老化	50	10.4	88
二极管短路	50	10.4	100
PID	40	8.3	87.5
阴影	100	20.8	100
热斑	80	16.7	93.8
玻璃碎裂	60	12.5	93.3

由诊断结果可知，该方法具有较高的准确率，该方法对于阴影和二极管短路故障的检测仍有很高的灵敏度，当组件存在轻微阴影时，因为旁路二极管的作用，台阶特征就很明显了，在组件 2/3 开路电压处有明显的电流下降，检出率较高；利用台阶段的线性特征检测热斑故障，当存在轻微热斑时，组件的 I-V 曲线台阶特征不明显，影响诊断准确度；利用碎裂组件的 I-V 曲线台阶段呈现凸函数特性检测碎裂故障，对于碎裂后期的组件，电池单元的碎裂趋于均匀，凸函数特征不明显，会影响诊断的准确度，此外对于发生严重老化或 PID 衰减的组件，可能会出现在组件 2/3 开路电压处的电流降达到阈值判断为失配故障，可能会误判为玻璃碎裂故障。如图 3-51 所示，该组件发生严重的 PID 故障，且功率衰减为 20%，此时的台阶段电流降的值为 0.9，K_2/K_1 的值为 1.8，诊断结果误判为玻璃碎裂故障，所以本方法中老化和 PID 故障的检出率不高。另一方面在非失配诊断最优组件对比法中因为要计算组件的串联电阻，组件的 I-V 曲线虽然经过多次平滑处理，但是开路电压处仍

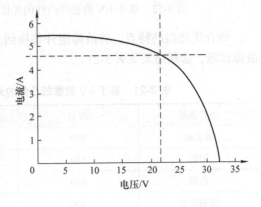

图 3-51　严重 PID 情况下造成的误判

会存在数据抖动，容易引起计算误差，进一步导致老化组件的检出率降低。

3.3.4.3 基于I-V数据凹凸性的光伏组件失配故障诊断方法的实例验证

根据函数凹凸性定义，进行I-V数据的凹凸性判断。利用凹凸检测的特征值 ΔI_{N+1} 的正负峰值判断台阶拐点以及确定台阶区间，选择拐点后的数据点斜率组合识别台阶段特征，具体的算法流程图如图3-52所示。

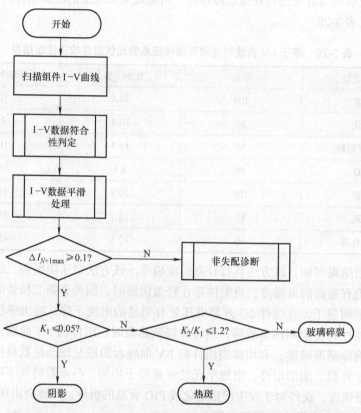

图3-52 基于I-V数据凹凸性的光伏组件失配故障诊断算法流程图

结合优化器的特点，将故障组件替换到光伏组串中根据以上诊断算法进行在线故障诊断，诊断结果见表3-21。

表3-21 基于I-V数据凹凸性的光伏组件失配故障诊断结果

组件类型	数量	比例（%）	准确率（%）
非失配	150	30.6	100
阴影	120	24.5	100
热斑	120	24.5	95.83
玻璃碎裂	100	20.4	92

　　由诊断结果可知，该方法具有较高的准确率。实验样本中的阴影故障的最小尺度为光伏组件单个电池片被阴影遮挡 1/10，如图 3-53 所示，当组件单个电池被遮挡 1/10 时，台阶特征也很明显，ΔI_{N+1} 的最大值为 0.132，超出阈值。经测试算法可以检测出样本中的所有阴影组件。

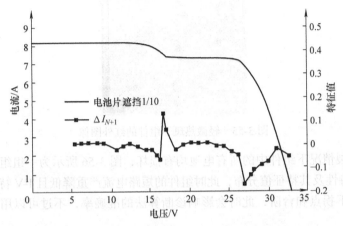

图 3-53　样本中最小阴影尺度下 I-V 曲线及特征值分布

　　当热斑电池的漏电流较小时，热斑效应不明显，此时 I-V 曲线可能不存在下拐点，影响凹凸性判断。图 3-54 所示为一个热斑组件的 I-V 曲线，经过 IR 测试，该热斑组件的红外图像如图 3-55 所示，发现该热斑电池的温度较正常电池不高于10℃。此时 I-V 曲线上无明显拐点，因为热斑效应不显著，流过热斑电池的漏电流比较小不会使得热斑电池所在子串的旁路二极管导通，因此这时会无法判断发生热斑故障。

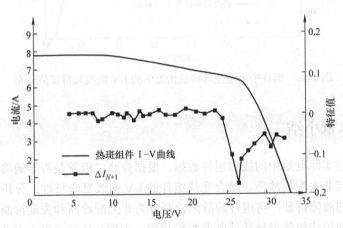

图 3-54　轻微热斑下组件的 I-V 曲线和特征值分布

图 3-55　轻微热斑下组件的红外图像

严重碎裂情况下组件中的所有电池均有损坏，图 3-56 所示为一组组件电池全部碎裂的 I-V 特性及其特征值分布，此时组件的短路电流严重降低且 I-V 特性曲线整体下陷，没有下拐点和台阶，此时会影响诊断算法的准确率，不过可以用短路电流下降来判断。

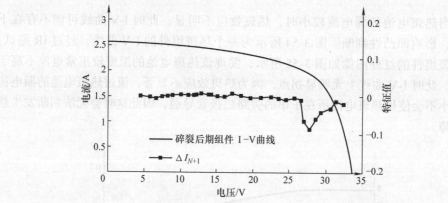

图 3-56　组件中电池全部碎裂情况下的 I-V 曲线和特征值分布

3.4　本章小结

本章通过实际电站中的故障组件数据，根据旁路二极管是否导通将光伏组件故障分为失配与非失配类故障。结合光伏组件的 I-V 曲线复合特性，分析并提取不同故障类型下的故障特征。将组件的故障诊断分为非失配诊断和失配诊断，提出关键参数判别法和最优组件对比法诊断非失配故障，失配故障的诊断有基于 I-V 曲线凹凸性和分区间特征点的失配故障诊断方法。其中基于 I-V 曲线凹凸性的失配故障诊断方法，包括拐点检测和台阶段特征检测。拐点检测用以判断组件是否发生失配，并确定失配组件的 I-V 台阶区间。台阶段特征检测用以解耦出具体的故障类型。而基于 I-V 曲线区间划分与特征点的失配诊断方法，利用组件的内部结构和失配下旁路二极管的导通特性，将组件的 I-V 特性曲线分为低压区和高压区，利用 I-V 曲线上的特征点在低压区诊断是否发生失配，对于发生失配的组件进一步利用高压区台阶段特征点的斜率组合解耦阴影、热斑和玻璃碎裂故障。结合带有 I-V 扫描功能的优化器对所提出方法进行实例验证，可以得出对于阴影遮挡引起的失配故障检出率和识别率较高，而当热斑组件内热斑电池片的温度高于正常电池温度不多时，可能会导致热斑组件 I-V 曲线没有下拐点，此时无法检出。在玻璃碎裂后期，组件内的电池片基本上全部碎裂且碎裂程度较均匀，此时碎裂组件的 I-V 曲线上无明显的下拐点，会影响检测效果。

参 考 文 献

[1] 张臻，沈辉，李达．局部阴影遮挡的太阳电池组件输出特性实验研究 [J]．太阳能学报，2012, 33（1）: 5-12.

[2] 高金辉，唐静，贾利锋．太阳能电池参数求解新算法 [J]．电力系统保护与控制，2012, 40（9）: 133-136.

[3] 王宇翠．光伏电池老化故障内部参数变化规律的研究 [D]．天津：天津大学，2014.

[4] NOTTON G, CRISTOFARI C, MUSELLI M, et al. Calculation of the polycrystalline PV module temperature using a simple method of energy balance[J]. Renewable energy, 2006, 31（4）: 553-567.

[5] 程泽，李兵峰，刘力，等．一种新型结构的光伏阵列故障检测方法 [J]．电子测量与仪器学报，2010, 24（2）: 131-136.

[6] LEHMAN B, NGUYEN D. An adaptive solar photovoltaic array using model-based reconfiguration algorithm[J]. IEEE Transactions on Industrial Electronics, 2008, 55（7）: 2644-2654.

[7] DOLARA A, LEVA S, Manzolini G, et al. Investigation on performance decay on photovoltaic modules : snail trails and cell microcracks[J]. IEEE Journal of Photovoltaics, 2014, 4（5）: 1204-1211.

[8] 何翔．光伏组件电致发光缺陷检测仪检测软件研究与开发 [J]．计量与测试技术，2018, 45（12）: 33-37.

[9] 李剑，汪义川，李华，等．单晶硅太阳电池组件的热击穿 [J]．太阳能学报，2011, 32（5）: 690-693.

[10] KIM K A, KREIN P T. Hot spotting and second breakdown effects on reverse I-V characteristics for mono-crystalline Si photovoltaics[C]// 2013 IEEE Energy Conversion Congress & Exposition, Denver, America, 2013.

[11] 刘邦银，段善旭，康勇．局部阴影条件下光伏模组特性的建模与分析 [J]．太阳能学报，2008, 29（2）: 188-192.

[12] 宋成．基于旁路二极管状态的光伏阵列故障诊断研究 [D]．天津：天津大学，2016.

[13] 翟载腾，程晓舫，丁金磊，等．被部分遮挡的串联光伏组件输出特性 [J]．中国科学技术大

学学报, 2009, 39（4）: 398-402.

[14] NDIAYE A, CHARKI A, KOBI A, et al. Degradations of silicon photovoltaic modules : a literature review [J]. Solar Energy, 2013, 96 : 140-151.

[15] SONAWANE P, JOG P, SHETE S. A comprehensive review of fault detection & diagnosis in photovoltaic systems [J]. IOSR Journal of Electronics and Communication Engineering, 2019, 14（3）: 31-43.

[16] KUMAR M, KUMAR A. Performance assessment and degradation analysis of solar photo-voltaic technologies : a review [J]. Renewable and Sustainable Energy Reviews, 2017, 78 : 554-587.

[17] DAVARIFAR M, RABHI A, HAJJAJI A R. Comprehensive modulation and classification of faults and analysis their effect in DC side of photovoltaic system [J]. Energy and Power Engi-neering, 2013, 5 : 230-236.

[18] NASCIMENTO L R, BRAGA M, Campos R A, et al. Performance assessment of solar pho-tovoltaic technologies under different climatic conditions in Brazil [J]. Renewable Energy, 2020, 146 : 1070-1082.

[19] TABATABAEI S A, FORMOLO D, TREUR J. Analysis of performance degradation of do-mestic monocrystalline photovoltaic systems for a real-world case [J]. Energy Procedia, 2017, 128 : 121-129.

[20] KAPLANIS S, KAPLANI E. Energy performance and degradation over 20 years perfor-mance of BP c-Si PV modules [J]. Simulation Modelling Practice and Theory, 2011, 19（4）: 1201-1211.

[21] FABA A, GAIOTTO S, LOZITO G M. A novel technique for online monitoring of pho-tovoltaic devices degradation [J]. Solar Energy, 2017, 158 : 520-527.

[22] BASTIDAS-RODRIGUEZ J D, FRANCO E, PETRONE G, et al. Quantifcation of photo-voltaic module degradation using model based indicators [J]. Mathematics and Computers in Simulation, 2017, 131 : 101-113.

[23] KIM K A, KREIN P T. Reexamination of photovoltaic hot spotting to show inadequacy of the bypass diode [J]. IEEE Journal of Photovoltaics, 2015, 5（5）: 1435-1441.

[24] ŠLAMBERGER J, SCHWARK M, VAN-AKENB B B, et al. Comparison of potential-induced degradation（PID）of n-type and p-type silicon solar cells [J]. Energy, 2018, 161 : 266-276.

[25] LUO W, KHOO Y S, HACKE P, et al. Potential-induced degradation in photovoltaic mod-ules : a critical review [J]. Energy & Environmental Science, 2017, 10 : 43-68.

[26] IEC 61215-2005. Crystalline silicon terrestrial photovoltaic modules-Design qualification and type approval[S]. 2005.

[27] GEISEMEYER I, FERTIG F, WARTA W, et al. Prediction of silicon PV module tempera-ture for hot spots and worst case partial shading situations using spatially resolved lock-in thermography [J]. Solar Energy Materials & Solar Cells, 2014, 120 : 259-269.

[28] SIMON M, MEYER E. Detection and analysis of hot-spot formation in solar cells [J]. Solar Energy Materials and Solar Cells, 2010, 94（2）: 106-113.

[29] DENG S F, ZHANG Z, JU C H, et al. Research on hot spot risk for high-efficiency solar module [J]. Energy Procedia, 2017, 130：77-86.

[30] WANG Y D, ITAKO K, TSUGUTOMO K, et al. Voltage-based hot-spot detection method for PV string using projector [C]. 2016 IEEE International Conference on Power and Renewable Energy, 2016, 570-574.

[31] DHIMISH M, HOLMES V, MEHRDADI B, et al. PV output power enhancement using two mitigation techniques for hot spots and partially shaded solar cells [J]. Electric Power Systems Research, 2018, 158：15-25.

[32] KIM K A, SEO G S, CHO B H, et al. Photovoltaic hot-spot detection for solar panel substrings using AC parameter characterization [J]. IEEE Transactions on Power Electronics, 2016, 31（2）：1121-1130.

[33] 吴春华，周笛青，李智华，等. 光伏组件热斑诊断及模糊优化控制方法 [J]. 中国电机工程学报，2013, 33（36）：50-61.

[34] HOSSAM B, ITAKO K. Real time hotspot detection using scan-method adopted with P&O MPPT for PV generation system [C]. 2016 IEEE 2nd Annual Southern Power Electronics Conference, 2016：1-5.

[35] 张映斌，夏登福，全鹏，等. 晶体硅光伏组件热斑失效问题研究 [J]. 太阳能学报，2017, 38（7）：1854-1861.

[36] MORLIER A, HAASE F, KÖNTGES M. Impact of cracks in multicrystalline silicon solar cells on PV module power—a simulation study based on field data [J]. IEEE Journal of Photovoltaics, 2015, 5（6）：1735-1741.

[37] KÖNTGES M, KAJARI-SCHR S, KUNZE I, et al. Crack statistic of crystalline silicon photovoltaic modules [C]. 26th European Photovoltaic Solar Energy Conference and Exhibition, 2011：5-6.

[38] DALLAS W, POLUPAN O, OSTAPENKO S. Resonance ultrasonic vibrations for crack detection in photovoltaic silicon wafers [J]. Measurement Science and Technology, 2007, 18（3）：852.

第 4 章
基于光伏组串 I-V 数据的故障特征量提取、解耦及诊断

光伏组件作为光伏发电系统中的基础单元，为了提高光伏系统的直流输出电压，通常由若干个光伏组件串联形成光伏组串。但考虑到成本等因素，在大型的分布式光伏电站中，光伏组件级的电压、电流数据通常无法直接获取。为提高光伏系统可靠性和保持较高的发电效率，仍需要对光伏系统的运行信息进行有效监控。通常以光伏组串为基本单位，运用类似组件数据获取的方法获得每个光伏组串的电压、电流数据，即光伏组串的 I-V 数据。对光伏组串的 I-V 数据进行有效处理，可以及时准确地检测到光伏组串中的异常故障，为运维人员提供有用信息。基于 I-V 的光伏系统智能故障诊断方法目前也受到越来越多的关注，并且已经投入到大规模的电站中使用，对光伏系统可靠性的提高以及增加发电收益具有显著效果。结合上一章基于 I-V 曲线的光伏组件故障诊断方法，本章通过实地电站收集的故障光伏组串 I-V 数据，提取不同类型光伏组串故障的故障特征，将光伏组件的故障诊断方法拓展应用于光伏组串的故障诊断上。

4.1　光伏组串可识别的故障类型与分类

实际电站中的光伏组串的故障类型多种多样，常见的如阴影遮挡、老化、热斑、玻璃碎裂、二极管短路等[1-3]。为有效对其故障类型进行分类，需要根据其 I-V 特征进行划分。本节根据实际光伏电站中调研到的故障光伏组串的数据，通过电特征和红外图像测试，根据其故障原因对其故障类型分类。

4.1.1　光伏组串基本结构

并网光伏系统为了提高输出电压，通常由多个光伏组件串联形成光伏组串，两个或多个光伏组串并联后连接一路 MPPT，接入逆变器，光伏发电系统的连接示意图如图 4-1 所示。

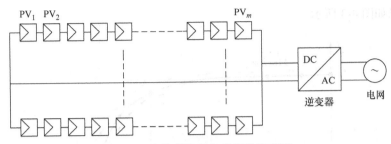

图 4-1　光伏系统各组成部分示意图

如图 4-1 所示，该光伏系统中的光伏组串由 m 块光伏组件串联形成，设第 i 个光伏组件的电压为 U_i，电流为 I_i，光伏组串的电压、电流分别为 U_{String}、I_{String}，则满足关系式（4-1），其中 $i = 1$，2，…，m。

$$\begin{cases} U_{\text{String}} = \sum_{i=1}^{m} U_i \\ I_{\text{String}} = I_i \end{cases} \tag{4-1}$$

光伏组串输出电压为各光伏组件电压之和，由于组件间的串联关系，所以光伏组串的电流与流经各光伏组件中的电流相同，在分布式电站的组串式结构中各个光伏组串建立较高的输出电压经过逆变器的 MPPT 使光伏组串工作在最大功率点（Maximum Power Point, MPP）后并入电网。MPPT 技术是一种最大化光伏发电系统发电量的优化算法，作为光伏系统的重要功能，已得到广泛的研究，MPPT 技术的实现需要逆变器采集光伏组串的输出电压、电流参数，从开路电压点依次往 MPP 的方向寻找[4-7]。利用 MPPT 技术，如果进一步扩大搜索的电压、电流范围，从开路电压点到短路电流点采集光伏组串的电压、电流数据即可实现光伏组串 I-V 曲线的扫描过程，该过程不需要额外的硬件设备，不会额外增加系统的成本[8-10]。图 4-2 所示为 MPPT 技术及 I-V 扫描技术的原理示意图，MPPT 与 I-V 扫描都是采集光伏组串的输出电压、电流数据，不同的是所采集的电压范围不同，I-V 扫描是从开路电压点到短路电流点的范围内采集光伏组串的输出电压、电流数据，而 MPPT 技术是从开路电压点到 MPP 点附近进行搜索。因此组串式逆变器的 I-V 扫描技术被越来越多的应用于获取光伏组串的 I-V 曲线，I-V 曲线作为光伏系统的重要衡量指标，被进一步用于实现光伏组串的故障诊断及评价系统的发电性能。

4.1.2　故障光伏组串数据收集和故障分类

由于光伏组串由多个光伏组件串联形成，其输出电压很高，因此光伏组串的故障不同于光伏组件的故障。为进一步对光伏组串的故障进行分类，利用红外热成像仪和人工观测以及模拟故障的方法，在我国安徽省灵璧县内，从使用超过 3 年的总容量为 120MW 的分布式光伏电站现场中收集不同故障类型的光伏组串，实际光伏电站场景如图 4-3 所示。

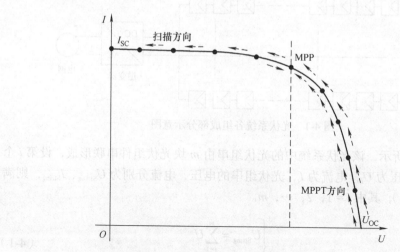

图 4-2　MPPT 和 I-V 扫描的原理示意图

图 4-3　安徽省灵璧县 120MW 分布式光伏电站

本章中收集到的光伏组串中的组件为 60 个电池单元结构，每 20 个电池单元构成一个光伏子串，型号为 CS6K-285W 的多晶硅光伏组件，组件的铭牌参数见表 4-1。

表 4-1　CS6K-285W 多晶硅光伏组件的铭牌参数

参数类别	数值
开路电压 /V	38.4
短路电流 /A	9.64
最大功率点处电流 /A	9.06
最大功率点处电压 /V	31.4
额定功率 /W	285
短路电流温度系数 / (%/℃)	0.07
开路电压温度系数 / (%/℃)	−0.32

本章中实际光伏组串由 22 个光伏组件串联形成，正常条件下光伏组串及组件的 I-V 曲线示意图如图 4-4 所示，根据 I-V 曲线的复合原理可知，光伏组串的 I-V 曲线是由组串中各个组件的 I-V 曲线复合叠加构成，而由于光伏组串的输出电压很高，因此单个组件的故障可能难以识别。

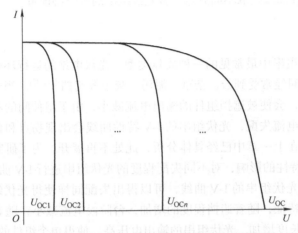

图 4-4　正常下的光伏组串 I-V 曲线构成示意图

虽然理论上光伏组串的 I-V 特性是由各光伏组件的 I-V 曲线复合而成，但是由于组串中组件数量较多，因此很难像光伏组件一样对光伏组串的故障进行细化。同样根据 I-V 曲线的特征，将光伏组串中的故障分为电流失配和非失配类故障。电流失配类故障是由于组串中的组件电流不一致造成的，如组串中的组件存在遮挡、热斑、玻璃碎裂、非均匀积灰等，以上故障问题会使得组串中的故障光伏组件的电流较正常组件的电流有所降低。非失配类故障包括电流低、电压低、串联电阻大、并联电阻小等。光伏组串具体的故障类型及其致因见表 4-2。

表 4-2　光伏组串的故障类型及其致因

故障类型	致因
失配	阴影遮挡、玻璃碎裂、非均匀积灰
短路电流小	均匀积灰、组件衰减、云层遮挡
开路电压低	旁路二极管短路、PID、组串中组件少配
串联电阻大	组件老化、线缆过长、连接点焊接不良
并联电阻小	PID、非均匀遮挡

与光伏组件的故障情况不同，光伏组串中的故障情况更为复杂，每种类型的故障可能有不同的致因，而同一种致因也可能会造成不同的故障类型，因此为方便运维人员检修和排查，则要求精准地检测出每种故障类型，并应该尽可能地给出故障致因。

4.2　光伏组串故障特征量提取

在晴朗天气下通过组串式逆变器的I-V扫描功能获取光伏组串的I-V曲线。根据实际电站中的不同致因下的I-V曲线形态分析不同故障类型光伏组串I-V曲线特征，利用I-V特性曲线提取不同故障类型光伏组串的故障特征量。

4.2.1　失配

失配是光伏组串中最常见的一种故障类型。光伏电站的运行环境复杂，实际光伏电站在运行期间经常受到云、杂草、泥污、灰尘等遮挡[11, 12]。当光伏组串中的光伏组件被遮挡时，会使被遮挡组件的输出电流减小，由于组件间的串联关系，此时光伏组串会发生电流失配，光伏组串的I-V特性曲线会出现拐点和台阶特征，出现这种特征的原因在上一章中已经具体分析，此处不再展开。为了研究不同失配程度对光伏组串I-V特性的影响，对不同失配程度的光伏组串进行I-V曲线对比。图4-5所示为不同失配光伏组串的I-V曲线，可以得出失配同样使得光伏组串的I-V曲线出现拐点和台阶特征，随着遮挡程度的增加，台阶段电流减小；随着组件遮挡数量的增加，台阶段长度增加。光伏组串的输出电压高，使得单个组件的电压占比较小，组串的故障特征较单个组件的故障会有所削弱。

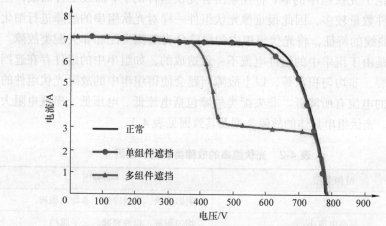

图4-5　不同失配下的光伏组串I-V曲线特征

4.2.2　短路电流低

地面光伏电站中的光伏组串安装角度和朝向一致，在受到均匀遮挡或者均匀积灰的影响时，光伏组串中各组件的输出特性仍保持一致，此时光伏组串的I-V曲线没有台阶和拐点，表现为光伏组串的短路电流整体降低，对光伏组串做均匀遮挡模拟短路电流低的场景，遮挡状态如图4-6所示，用三层透光的薄膜均匀遮挡组串中的组件，得到薄膜均匀遮挡下的光伏组串的 I-V 特性曲线，如图 4-7 所示。光伏组串在均匀遮挡下曲线形状没有发生畸变，短路电流较正常组串降低，而短路电流减小的程度取决于遮挡的程度。

为了衡量短路电流低故障，设定当组串的短路电流比逆变器中的光伏组串的最大短路电流低 5% 即认为该组串存在短路电流低故障，判断关系式如式（4-2）所示。

$$I_{SC} \leqslant 95\% I_{SCmax} \tag{4-2}$$

式中，I_{SC} 为待判断组串的短路电流；I_{SCmax} 为该逆变器中组串的最大短路电流。

图 4-6　光伏组串在薄膜均匀遮挡下的场景图

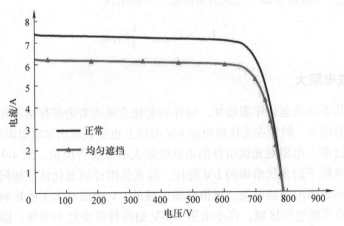

图 4-7　光伏组串在均匀遮挡下的 I-V 曲线

4.2.3 开路电压低

正常情况下光伏组串中的光伏组件开路电压一致，所以各组串的开路电压应该相等，而在运行中光伏系统可能会发生个别组件的旁路二极管短路故障，组件少接或者组串存在 PID，这些情况下会使得该组串的输出电压低于正常组串。图 4-8 所示为不同致因导致组件开路电压低故障的光伏组串 I-V 曲线，当组串中存在短路的组件或者 PID 故障都会使得组串的开路电压低于正常组串。

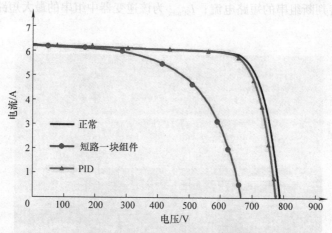

图 4-8　光伏组串在发生 PID 和组件短路时的 I-V 曲线

为衡量组串是否发生开路电压低故障，利用光伏组串的 I-V 曲线对该组串的开路电压进行判断，设定当组串的开路电压比该逆变器中光伏组串的最大开路电压低一个光伏子串的开路电压时，即 1/3 组件开路电压，则该光伏组串存在开路电压低故障。开路电压低故障的诊断条件如式（4-3）所示，其中，U_{OC} 为待诊断的组件的开路电压；U_{OCmax} 为该逆变器中光伏组串的最大开路电压。

$$U_{OC} \leqslant U_{OCmax} - \frac{1}{3} U_{OCPV} \qquad (4\text{-}3)$$

4.2.4　串联电阻大

随着光伏系统的运行年限增加，组件的老化衰减或者内部焊接不良均会造成光伏组件的电阻增大，同样在光伏组串的 I-V 曲线上也会表现出串联电阻增大的特征，实际中可通过串入电阻对光伏组件的串联电阻大故障进行模拟。图 4-9 所示为串入不同阻值的电阻下的光伏组串的 I-V 特性，与光伏组件的老化特征相同，串联电阻增加不会影响组串的短路电流，近恒流源区域的 I-V 曲线基本不受影响，其主要影响 I-V 曲线的开路电压区域，在小电阻下 I-V 曲线特征变化不明显，随着电阻的增大，I-V 曲线在开路电压处的斜率绝对值减小，且组串的输出功率有所降低。

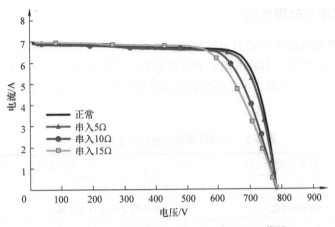

图 4-9　不同串联电阻下的光伏组串的 I-V 曲线

4.2.5　并联电阻小

　　当光伏系统中的光伏组件漏电流较大，会存在分流效应，表现为组串的并联电阻小，实际运行中会导致并联电阻大故障的致因有 PID 故障、热斑故障等，而实际电站中热斑不会大范围发生在组串中的每块组件中，因此认为光伏系统中并联电阻大故障的主要原因为 PID 和非均匀遮挡。为研究并联电阻大小对光伏组件 I-V 特征的影响，在实际的光伏组串上并入电阻，图 4-10 所示为不同并联电阻下的光伏组串 I-V 曲线。根据测试结果得出，组串的并联电阻主要影响短路电流区域，对开路电压区域基本没有影响，并联电阻越小，组串的分流效应越明显。随着并联电阻的减小，在光伏组串的 I-V 曲线上表现为短路电流处的斜率绝对值增大，且组串的输出功率减小。

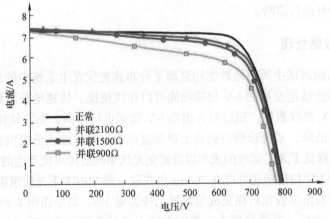

图 4-10　不同并联电阻下的光伏组串 I-V 曲线

4.2.6　光伏组串故障特征

通过实测光伏组串不同类型的故障，将可检测的光伏组串故障分为失配、短路电流低、开路电压低、串联电阻大和并联电阻小五类故障，根据各类故障光伏组串的 I-V 曲线提取不同故障下的 I-V 曲线上的电参数特征，每类故障对应的特征总结见表 4-3。

表 4-3　不同故障类型光伏组串的故障特征

故障类型	故障特征
失配	I-V 曲线出现拐点和台阶
短路电流低	I-V 曲线上短路点电流减小
开路电压低	I-V 曲线上开路点电压减小
串联电阻大	I-V 曲线开路电压处斜率绝对值减小
并联电阻小	I-V 曲线短路电流处斜率绝对值增大

4.3　光伏组串故障诊断方法

通过对实际电站中收集到的大量不同故障类型的故障光伏组串进行统计与分类，将主要故障类型分为失配、短路电流低、开路电压低、串联电阻大、并联电阻小几类。失配故障是由于组串中组件的电流不一致导致的，会使得组串的 I-V 曲线呈现出拐点和台阶，这一特征可以很好地与其他几类故障相区分。而短路电流小、开路电压低故障则可以直接从 I-V 曲线上的参数变化来反馈，进一步诊断出此类故障。串联电阻大、并联电阻小则需要根据光伏组串短路电流或开路电压附近的斜率特征进行计算，而后根据斜率特征参数进行诊断，因此可以将失配故障与其余基于参数特征的故障分开进行诊断。

4.3.1　I-V 数据处理

本章中实验测试中所用的数据均来源于分布式光伏发电系统中的光伏组串，通过光伏组串所连接逆变器的 I-V 扫描功能可以在线便捷、快速地获取到逆变器连接的各组串的 I-V 曲线数据，而后对各组串 I-V 数据进行诊断，系统结构如图 4-11 所示。如果存在故障，系统诊断后就会上报至监控中心给运维人员提供参考，在线诊断技术大幅度降低了人工运维的成本以及避免光伏系统故障可能产生的严重后果。

逆变器的 I-V 扫描功能可以在 700ms 内获取一路 MPPT 下光伏组串的 I-V 数据，一台逆变器所有组串数据扫描完成与数据上传需要 30s，每个组串 I-V 数据包含 128 组电压各异的电压、电流数据点，按照电压由高到低的顺序记为（U_i，I_i），其中，$i = 0$，1，2，…，127，由于扫描的时间很短，因此可以忽略扫描过程中辐照度的变化。

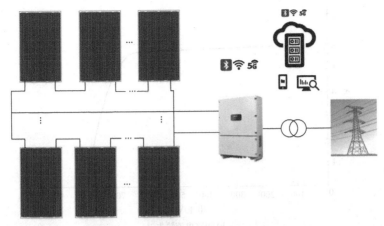

图 4-11　组串式光伏系统结构示意图

实际中由于数据采集的问题，可能会导致光伏组串的部分 I-V 数据缺失或异常，为此需要对获得到的 I-V 数据进行筛选与预处理。图 4-12 所示为两组异常的 I-V 数据，分别为电压缺失与电流缺失，当组串的 I-V 数据在高压区缺失一部分，导致采集到的 I-V 数据不包含开路电压点，当组串的 I-V 数据在低压区缺失时，会导致采集到的 I-V 数据不包含短路电流点，如上述数据采集不完整的情况比较少。由图 4-12 可知，开路电压的缺失对于组串获取关键参数影响甚大，由于在低压区，此时光伏组件输出近似为恒流源，因此如果缺失的是短路电流附近的数据则对诊断影响不大；而当低压区数据缺失严重会引起光伏组串 I-V 曲线上关键参数无法获取，影响故障诊断结果，此时该组 I-V 数据不符合诊断要求，则输出 I-V 数据异常。

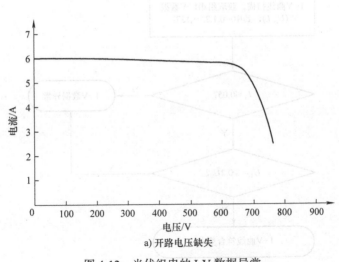

a) 开路电压缺失

图 4-12　光伏组串的 I-V 数据异常

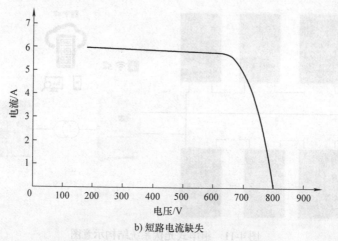

b) 短路电流缺失

图 4-12　光伏组串的 I-V 数据异常（续）

　　为了避免后续故障诊断过程中发生误判，因此有必要对 I-V 数据符合性进行判断，其算法流程图如图 4-13 所示。正常情况下光伏组串 I-V 数据中的（U_0，I_0）对应开路电压点，而（U_{127}，I_{127}）对应短路电流点，因此为判断 I-V 数据是否缺失，判断理论开路电压点处的电流以及短路电流处的电压即可。根据以上判断，对于开路电压处缺失 I-V 数据的情况，则该组数据不再用于故障诊断，其 I-V 数据不符合，输出数据异常，而当短路电流处数据缺失过多会影响参数判定，此时也认为该数据异常。

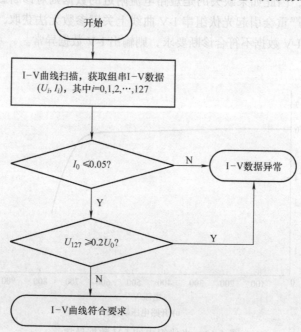

图 4-13　光伏组件 I-V 数据符合性判定算法流程图

　　由于逆变器数据采集的问题，可能会导致所获得光伏组串的 I-V 数据抖动比较大，影响后续用于故障诊断，所以为了消除 I-V 数据的抖动，对原 I-V 数据进行平滑处理。对于光伏组串的电压、电流数据（U_i，I_i），其中，$i = 0$，1，2，$\cdots$，127，各数据点对应的电压数据保持不变，电流数据进行插值处理，满足式（4-4），其中 i 的取值为 1~126。

$$I_i = \frac{I_{i-1}(U_i - U_{i+1}) + I_{i+1}(U_{i-1} - U_i)}{U_{i-1} - U_{i+1}} \qquad (4\text{-}4)$$

　　以上插值过程循环 3 次，得到平滑处理后的数据，按照电压从大到小顺序排列（U_n，I_n），其中，$n = 0$，1，2，$\cdots$，127。

4.3.2　失配故障诊断方法

　　根据以上故障特征，得出失配故障组串的 I-V 曲线的凹凸性会改变，出现拐点和台阶特征，结合第 3 章中的故障诊断方法，组件中失配诊断方法同样适用于组串的失配故障诊断。为此提出一种滑动电压窗口的失配检测方法，方法示意如图 4-14 所示，对于光伏组串中的 I-V 数据，从开路电压点 U_0 起，找到 $U_0 - 30$V 最接近的 I-V 曲线上的数据点，设该点坐标为（U_k，I_k），则以（U_0，I_0）和（U_k，I_k）构成一条检测直线，遍历计算电压区间 $[U_k$，$U_0]$ 内 I-V 曲线上点到检测直线的距离 d，各距离记为 d_1，d_2，$\cdots$，d_{k-1}，并记录每个距离对应的电压值。同理下一个电压窗口从（U_k，I_k）作为起始点，向电压减小的方向滑动找到 $U_k - 30$V 最接近的 I-V 曲线上的数据点，而后遍历计算该电压区间内点到检测直线的距离。直到电压窗口划过整条 I-V 曲线结束检测，规定 I-V 曲线上的点在检测直线上方为正，点在直线下方为负。当组串

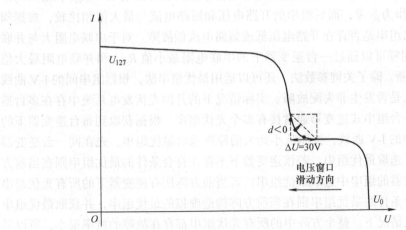

图 4-14　基于滑动电压窗口法的光伏组串失配故障诊断示意图

中存在电流失配时，I-V 曲线凹凸性发生改变，出现拐点和台阶，在拐点区域内 I-V 曲线上的点会在检测直线下方，此时距离为负值。理论上图 4-14 中失配组串的距离 d 的分布如图 4-15 所示，因为 I-V 曲线呈现单调递减规律，所以当 $d < 0$ 时说明曲线存在下凹点，组串中存在电流失配故障，因此可以根据特征值 d 来检测组件内是否发生电流失配。

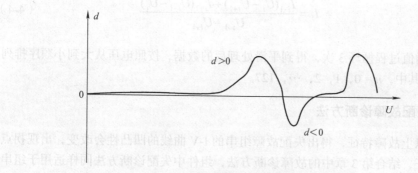

图 4-15 失配光伏组串的特征值 d 分布示意

4.3.3 非失配故障诊断方法

非失配故障的 I-V 曲线不会出现拐点和台阶特征，因此其与失配故障无耦合关系。组串非失配类故障的诊断与组件的非失配故障诊断方法类似，和正常组串的电参数相比非失配故障的电参数发生明显改变，因此基于关键的电特征参数可以诊断出具体的故障类型。组串的短路电流低和开路电压低故障可直接通过 I-V 曲线上的参数进行判断，首先选取该逆变器下所有组串中最大的开路电压 U_{OCmax} 和最大的短路电流 I_{SCmax} 作为参考，而后组串的开路电压和短路电流与最大值相比较，根据阈值即可诊断出组串是否存在开路电压低或短路电流低故障。对于串联电阻大与并联电阻小故障同样可以通过一台逆变器下的串联电阻最小值 R_{Smin} 和并联电阻最大值 R_{SHmax} 进行诊断。除了关键参数法，还可以运用最优组串法，根据组串间的 I-V 曲线横向对比确认是否发生非失配故障。实际情况下的并网光伏发电系统中存在多台逆变器，而每一台组串式逆变器通常接有多个光伏组串。根据获取到每台逆变器下的各个光伏组串的 I-V 曲线，按照从小到大的原则选取最优组串，先在同一台逆变器的所有组串下选取最优组串，若该逆变器下不存在符合条件的最优组串则在当前方阵下其余逆变器的组串中选取最优组串，若当前方阵所有逆变器下的所有光伏组串也不存在符合条件的最优组串则在当前方阵构造虚拟的最优组串，并获取最优组串的参数。一般情况下，整个方阵中的所有光伏组串都存在故障的概率很小，所以最优组串一般可在当前方阵中获取到，最优组串的选取流程如图 4-16 所示。

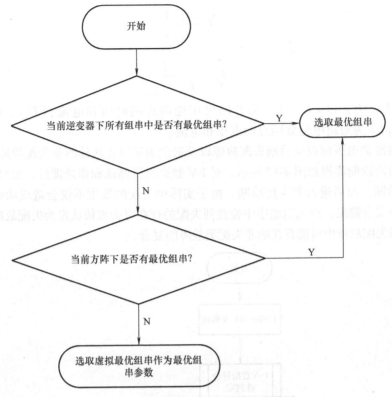

图 4-16　最优组串选取的算法流程图

最优组串的选取首先判断组串的填充因子，填充因子越高的组串，则其质量越好，有更好的参考意义。选取当前逆变器下填充因子最高的组串进行判断，组串的填充因子满足式（4-5）。

$$FF \geqslant FF_{OP} \tag{4-5}$$

则该光伏组串可作为最优组串，其中 FF_{OP} 为最优组串选取时填充因子的阈值，然后获取最优组串的开路电压 U_{OCOP}，短路电流 I_{SCOP}，计算该最优组件的串联电阻 R_{SOP}，并联电阻 R_{SHOP}。

若当前逆变器无满足上述式（4-5）条件的组串，则进一步扩大寻找范围，在当前方阵下寻找满足式（4-5）的组串作为最优组串，若方阵中没有满足条件的组串则，在当前方阵所有逆变器下选取组串最大开路电压，记为 U_{OCmax}，最大短路电流，记为 I_{SCmax}，最小串联电阻，记为 R_{Smin}，最大并联电阻 R_{SHmax} 作为虚拟最优组串的参数。串联电阻的大小可以表征组串的老化程度，在 I-V 曲线上可以用开路电压处的斜率计算，并联电阻的大小可以表征组串的漏电流大小，在 I-V 曲线上可以用短路电流处的斜率计算，串联电阻 R_S 和并联电阻 R_{SH} 的计算公式如式（4-6）和式（4-7）所示。

$$R_S = \frac{U_0 - U_1}{I_1 - I_0} \qquad\qquad (4\text{-}6)$$

$$R_{SH} = \frac{U_{127} - U_{126}}{I_{127} - I_{126}} \qquad\qquad (4\text{-}7)$$

式中，(U_0, I_0) 和 (U_1, I_1) 为开路电压处两点的电压和电流；(U_{127}, I_{127}) 和 (U_{126}, I_{126}) 为短路电流处两点的电压和电流。

　　根据滑动电压窗口法诊断失配故障以及最优组串对比法诊断非失配故障，则光伏组串故障诊断流程如图 4-17 所示。对 I-V 数据进行筛选和预处理后，先对组串进行失配诊断，而后进行非失配诊断。由于实际中失配的发生不仅会造成功率损失，而且存在安全隐患，因此当组串中检测到失配的存在时会直接认定为失配故障类型，不再考虑失配故障中可能存在的非失配类故障的复合。

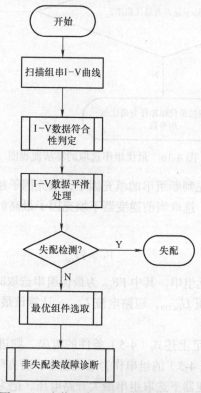

图 4-17　光伏组串故障诊断算法流程图

4.4　本章小结

　　本章通过实地收集光伏电站中故障光伏组串的数据，根据故障光伏组串的 I-V 曲线将可检测的故障主要分为失配、短路电流低、开路电压低、串联电阻大、并联电阻小几类。光伏组串的故障与组件的类似，不同的是光伏组串的输出电压高，与光伏组件相比故障特征有所削弱，且实际中光伏组串的故障情况更加复杂，会存在多种故障的耦合。本章提出通过滑动电压窗口法检测光伏组串失配故障，通过最优组串的参数对比法诊断非失配类型的故障。通过及时的故障预警并给出故障致因，可以极大地便捷光伏电站的运维。

参 考 文 献

[1] 王元章，李智华，吴春华. 光伏系统故障诊断方法综述 [J]. 电源技术，2013，37（9）：1700-1705.

[2] NAVEEN V S, SUGUMARAN V. Fault diagnosis of visual faults in photovoltaic modules : a review [J]. International Journal of Green Energy, 2021, 18（1）: 37-50.

[3] AHMAD J, CIOCIA A, FICHERA S, et al. Detection of typical defects in silicon photo-voltaic modules and application for plants with distributed MPPT configuration [J]. Energies, 2019, 12（23）: 4547.

[4] PETRONE G, SPAGNUOLO G, Vitelli M. An analog technique for distributed MPPT PV applications [J]. IEEE Transactions on Industrial Electronics, 2012, 59（12）: 4713-4722.

[5] 甘义良，杭丽君，李国杰. 提升光伏系统发电效率的分布式 MPPT 策略 [J]. 电力电子技术，2017，51（7）：33-36.

[6] 孙航，杜海江，季迎旭，等. 光伏分布式 MPPT 机理分析与仿真研究 [J]. 电力系统保护与控制，2015，43（2）：48-54.

[7] 张美霞，郭鹏超，杨秀. 基于分布式 MPPT 光伏系统效率研究 [J]. 电源技术，2016，40（9）：1796-1798.

[8] BOLLIPO R B, MIKKILI S, BONTHAGORLA P K. Critical review on PV MPPT tech-niques : classical, intelligent and optimisation [J]. IET Renewable Power Generation, 2020, 14（9）: 1433-1452.

[9] GHASEMI M A, RAMYAR A, IMAN-EINI H. MPPT method for PV systems under par-tially shaded conditions by approximating I-V curve [J]. IEEE Transactions on Industrial Elec-tronics, 2018, 65（5）: 3966-3975.

[10] SALAM Z, AHMED J, MERUGU B S. The application of soft computing methods for MPPT of PV system : a technological and status review [J]. Applied Energy, 2013, 107 : 135-148.

[11] SYAFARUDDIN X, ZINGER D S. Review on methods of fault diagnosis in photovoltaic system applications [J]. Journal of Engineering Science and Technology Review, 2019, 12（5）: 53-66.

[12] MADETI, SIVA R, SINGH S N. A comprehensive study on different types of faults and de-tection techniques for solar photovoltaic system [J]. Solar Energy, 2017, 158 : 161-185.

第5章

光伏并网逆变器综合故障诊断

并网逆变器作为光伏发电系统的枢纽装置，其健康状况对整个光伏发电系统的稳定运行具有重要影响。根据国家能源局制订并发布的相关光伏逆变器并网标准，逆变器在发生任何一种故障时，为了保证接入电网的电能质量，必须使逆变器停机并断开并网开关。因此当逆变器发生任一故障时，如果不能快速获悉逆变器的故障原因和故障产生位置，进而排除故障，将持续产生功率损失。因此对近年新安装的光伏发电系统，并网逆变器会通过对桥臂电流、直流电压、入网电压等运行参数的实时采集，实现对光伏并网逆变器各个部件运行状态的有效监测，通过对故障录波数据的有效存储，支持故障后对各个部件进行综合诊断分析，尽力保证光伏并网逆变器全寿命周期的可靠运行。

5.1 光伏并网逆变器综合故障诊断系统设计

5.1.1 光伏并网逆变器主要故障分类

为了便于对逆变器系统中主要故障进行研究，有必要对常见故障进行有效分类，并根据故障产生条件，故障原因和故障排除方法对各种故障进行定性分析[1]。

根据故障发生位置的不同，光伏并网逆变器系统内的故障大致可分为直流侧故障、交流测故障和逆变器故障，如图 5-1 所示，其中直流侧故障主要有直流过电压、直流欠电压、直流侧接地故障、直流侧线路开路故障等；交流侧故障主要有交流过电压、交流欠电压、频率异常、三相电流不平衡、交流侧过电流、电网解列等；逆变器故障主要有内部过温、功率开关故障、电抗器过温、传感器故障和驱动故障等[2]。精准的故障位置判断可以用来指导运维决策。故障发生后，维护人员无需在直流侧和交流侧之间来回测试即可根据故障点快速采取适当的故障排除措施，可以节省大量的操作和维护时间。根据故障持续时间的不同，相关故障可分为持续性故障和突发性故障。故障持续时间可用于指导故障诊断方法的选择，其数据需求和诊断过程不尽相同。根据实时故障隔离的难度，相关故障又可分为硬性故障和软性故障。故障诊断的最终目标是平稳地排除故障并使系统重新回归正常运行状态。但是，某些故障不能通过软件控制算法排除，而只能通过更换硬件来进行隔离，这些故障被定义为硬性故障。能够通过软件控制算法和借助现有拓扑结构实现实时隔离的故障被定义为软性故障。基于以上三个层面对光伏并网逆变器系统的主要故障的分类分别见表 5-1、表 5-2 和表 5-3。由于按照故障持续时间对故障进行分类有利于故障诊断系统的高效设计，而通常突发性故障的发生频率高且故障引起的危害也大，所以本节主要基于突发性故障进行多故障诊断系统的综合设计。

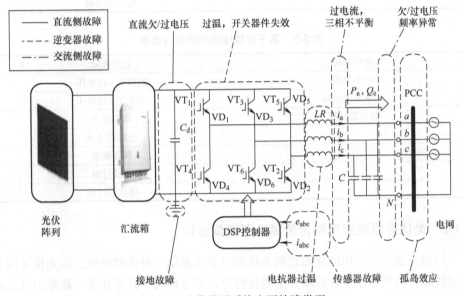

图 5-1　光伏并网系统主要故障类型

表 5-1　基于故障发生位置的故障分类表

直流侧故障	交流侧故障	逆变器故障
直流欠电压	交流欠电压	电抗器过温
直流过电压	交流过电压	模块过温
直流接地故障	频率异常	功率开关故障
	交流过电流	传感器故障
	三相不平衡	
	孤岛效应	

表 5-2　基于故障持续时间的故障分类表

持续性故障	突发性故障
功率开关老化	交流欠 / 过电压
接地绝缘阻抗故障	直流欠 / 过电压
传感器参数变化	频率异常
	交流过电流
	三相不平衡
	孤岛效应
	功率开关短路 / 开路
	模块过温
	电抗器过温

表 5-3　基于故障隔离的故障分类表

硬性故障	软性故障
接地故障	交流欠 / 过电压
功率开关故障	直流欠 / 过电压
传感器故障	频率异常
	交流过电流
	孤岛效应
	模块过温
	电抗器过温

5.1.2　光伏并网逆变器综合故障诊断框架设计

目前多数实际应用的故障诊断方法都只能诊断单一种类的故障，但光伏并网系统的故障种类繁多，每种诊断方法的执行过程不尽相同，且存在单一故障引发系列连锁故障的情况，以至于简单将各类故障诊断方法直接集成无法适用于光伏并网系统的综合故障解耦及诊断。因此在对光伏并网系统各种故障诊断方法研究的基础上，设计一套适用于光伏并网系统的综合故障诊断框架，对提高故障诊断精度和准确率，提升故障后的修复速度起到至关重要的作用。基于突发性故障设计的诊断系统框架如图 5-2 所示。

图 5-2 所示的综合故障诊断框架主要包括三个研究层次：故障诊断过程、故障诊断方法以及对数据量和时间的需求。

如图 5-2 所示，流程轴包括故障检测、故障分类、故障定位和故障隔离四个部分，该坐标轴主要体现了故障诊断的整体执行过程。针对表 5-2 中的故障分类方法，对"突发性故障"和"持续性故障"的处理流程也就不同：突发性故障的诊断流程包括图 5-2 所示的四个步骤；而持续性故障只需要通过故障检测估计故障的严重程度，再根据故障的存在状态设计合适的故障隔离方法，即只包括故障检测和故障隔离两部分即可。在实际工程中流程轴可基于软件层面指导故障诊断程序框架的整体搭建。

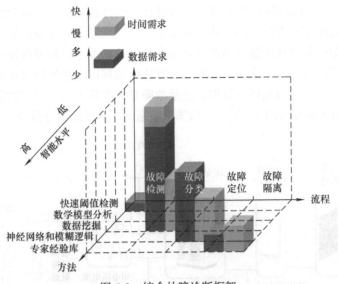

图 5-2　综合故障诊断框架

方法轴包含故障诊断过程中使用的各类方法，并根据智能级别沿方法轴展开，图 5-2 中的方法轴并没有完全列举故障诊断中所有的方法，例如支持向量机、深度学习等。故障诊断中所采用的各种方法及方法组合，直接关乎故障诊断的正确率指标。对故障检测方法的选取直接关系到系统对故障的识别精度，从安全角度出发能够提高系统的可靠性；对故障特征提取方法的选取直接关系到系统诊断正确率，当特征提取方法选取不当时可能会造成系统出现误诊或漏诊情况；对故障识别方法的选取直接关系到系统应对未知故障的能力，当特征识别方法选取得当时，系统依然能够在未知故障发生时给出有效的应对措施。因此方法轴可用于指导故障诊断程序的细节设计。

时间和数据轴表示所有流程和方法的时间和数据需求。故障诊断领域除了准确率指标外还有诊断速率指标，因此诊断速率也可以用来衡量故障诊断系统的诊断能力。在实际工程中，应要求诊断时间尽可能少，这样有利于系统在检测到故障发生时能够迅速定位故障原因，方便专业人员及时进行维修并排除故障，尽可能降低故障所造成的经济损失。对数据的需求体现了故障诊断系统可支持程度，未来的故障诊断将是依据大数据进行的，这对硬件和软件平台的要求也会相对提高，同时也会增加逆变器设计的成本。时间和数据轴可用于指导故障诊断方法的最优选取，即在不增加硬件设备成本的基础上，基于现有的软硬件资源实现故障诊断准确率和诊断速率的最优设计。

5.1.3　光伏并网逆变器综合故障诊断系统设计

根据图 5-2 中的综合故障诊断框架设计的光伏并网逆变器的智能多故障诊断系

统如图 5-3 所示。该故障诊断系统主要由硬件，软件和数据云三部分组成。硬件代表电能的传输路径和方向，即光伏发电系统内部逆变器等硬件设备所表示的电气层面的硬件资源；软件代表逆变器控制算法和故障诊断算法，即多故障诊断系统软件结构，包括故障诊断四个流程、故障诊断方法的编程以及数据的可视化处理；数据云用于存储逆变器的海量运行数据，包括故障录波装置上传的录波数据。基于故障诊断流程的四个部分对图 5-3 所示的故障诊断系统从软件层面分析如下。

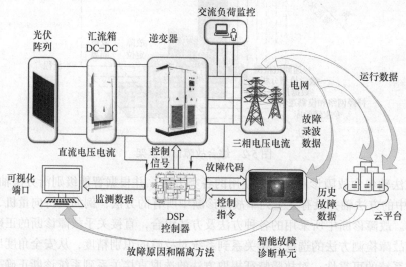

图 5-3　综合故障诊断系统结构示意图

5.1.3.1　故障检测

在图 5-2 中，基于故障检测流程的方法轴和时间、数据需求轴之间的关系如图 5-4a 所示。故障检测是为逆变器系统中所有可观察变量设置阈值。当任何变量值超过阈值时，将执行相应的程序。对于逆变器中可观测的变量，可以分为电学、热学和磁学信号三类，这三类变量相互耦合。一般将电参数作为可观测变量用于故障检测（电压、电流、功率等），目前也有一些研究基于热学和磁学信号进行，但是尚不成熟。综合考虑电学、磁学和热学信号在三个维度之间的耦合关系也将是未来的研究趋势之一。

故障检测过程如图 5-4b 所示，该过程在 DSP 控制器中执行。控制器分析采样数据并确定其是否在阈值范围内，如果超出阈值范围，将确定有故障发生并生成相应的故障代码，同时会关闭功率开关驱动信号使逆变器停止运行并脱离电网。如图 5-4a 所示，针对突发性故障，系统要实现迅速检测，因此只需要通过单一数值去判断有无故障发生即可，这类故障对检测装置的检测时间要求较高，相反对数据量的要求相对较低。针对持续性故障（这类故障往往是硬件故障），故障持续周期长，所以对检测速度要求相对较低，但是对检测精度和信号分析处理技术要求较高。对这类故障的识别需要高精度的传感器和复杂的小信号分析技术，并且可能需要通过不断改变阈值来对故障进行判定。然而逆变器中的某些硬件故障依然无法被快速检测到，例如功率开关开路故障。这类故障的检测至少需要对一个基波周期的采样数据进行分析和处理，才可进行有效判断。目前在故障检测环节常用的数据处理方法有平均值、有效值计算和快速傅里叶分析。

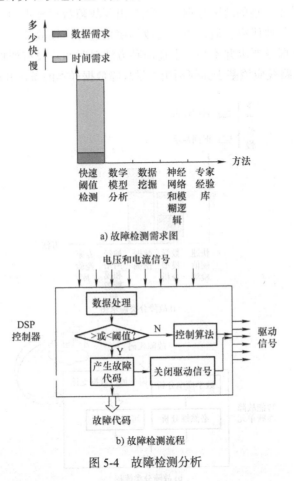

a) 故障检测需求图

b) 故障检测流程

图 5-4　故障检测分析

5.1.3.2　故障分类

在图 5-2 中，基于故障分类流程的方法轴和时间、数据需求轴之间的关系如图 5-5a 所示。在实际工程中，如果不能及时检测到逆变器中的某些故障，往往会导致连锁故障的发生。这些故障中有些是不可避免的，例如功率开关开路故障将必然导致交流电流不平衡故障。某些故障有一定概率会发生，例如，直流欠电压故障可能会导致交流过电流故障。因此，如何从多种并发故障代码中识别出主要故障对故障成因分析具有重要意义。

故障分类过程如图 5-5b 所示。该过程在智能故障诊断单元中执行，故障诊断单元与控制器之间使用通信连接。故障诊断单元分析从控制器接收到的所有故障代码：

首先，通过基本的数学模型分析，从许多故障代码中找出不可避免的级联故障。然后通过初始阶段运用数据挖掘技术从海量故障数据中获得的故障分类模型，找到可能的级联故障。最后，通过分析以上两个集合的交集得出主要故障。从图 5-5a 中可以看出，使用数据挖掘来分析级联故障的可能性需要大量数据的支持。但是很少有光伏电站可以保存完整的故障数据，可能会出现故障数据样本不足的情况，因此该技术还需要进一步地研究。通过逆变器数学模型进行连锁故障必然性分析只需要很少的数据，对数据量要求并不高。上述两种方法对时间均没有严格的要求，因此该过程的优化技术路线应该基于如何利用少量故障数据样本的条件开展研究。

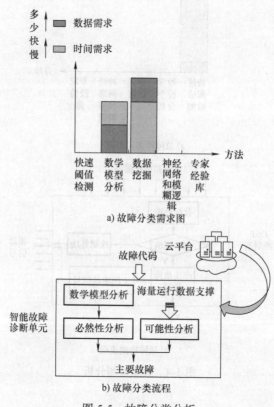

a) 故障分类需求图

b) 故障分类流程

图 5-5　故障分类分析

5.1.3.3　故障定位

在图 5-2 中，基于故障定位流程的方法轴和时间、数据需求轴之间的关系如图 5-6a 所示。当通过故障分类识别出主要故障后，则需要分析故障原因或确定故障位置，方便维护人员快速识别导致故障发生的原因和故障发生的位置，以便减少故障排除时间。该过程主要实现对故障信号的特征提取，将提取到的特征值作为故障识别模型的输入量，其输出量作为判别故障的具体位置或者原因的依据。

故障定位过程如图 5-6b 所示。该过程在智能故障诊断单元中执行，根据故障分类识别出的主要故障触发相应的故障定位程序。在光伏并网逆变器系统中，某些故障需要确定故障发生的位置，例如功率开关的开路和短路故障。还有一些故障需要分析原因，例如欠电压和过电压故障。根据故障定位要求的不同，可以分别采用不同的故障特征识别模型。神经网络模型可以实现模式识别，因此确定故障发生位置可以最大程度地发挥其优势。但是神经网络的输入和输出变量没有逻辑对应关系，当需要分析故障原因时，可以根据相应的故障数据，使用专家经验库和模糊逻辑推理来推断故障原因。然而模糊逻辑模型不具有学习能力，其只能依赖专家经验而建立，当数据库更新并同时需要对模型进行更新时，模糊逻辑模型往往不能应对这种情况。因此故障诊断框架通常需要结合多种人工智能方法的优点，以神经网络为主，以模糊逻辑为辅实现综合化运用。当采用神经网络模型时，将伴随着相应的故障数据特征提取方法选择的问题，在 5.3 节中针对功率开关开路故障，选取的特征量提取方法是小波包分解法。

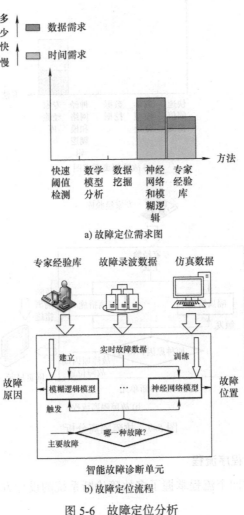

a) 故障定位需求图

b) 故障定位流程

图 5-6　故障定位分析

5.1.3.4 故障隔离

在图 5-2 中，基于故障隔离流程的方法轴和时间、数据需求轴之间的关系如图 5-7a 所示。故障隔离流程如图 5-7b 所示。当通过故障定位技术获得故障原因或位置时，维护人员则可以根据专家经验库中的维护措施执行相关的故障隔离程序。由于在光伏并网逆变器系统中发生任何故障时，逆变器将停止运行并脱离电网，因此无需修改控制参数或拓扑结构以保持逆变器"带病"运行。由图 5-7a 可知，基于这种情况的故障隔离方法不需要大量数据，仅需要根据专家经验库通过可视化端口显示故障隔离方法。因此在缺少专业维修人员的情况下，也可以实现故障的及时排除。

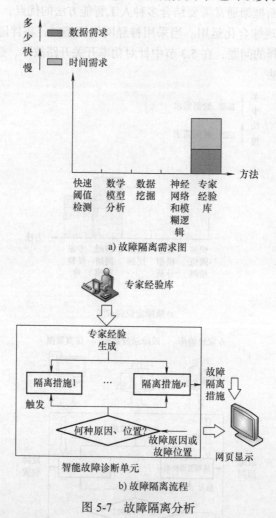

a) 故障隔离需求图

b) 故障隔离流程

图 5-7　故障隔离分析

5.1.3.5 多故障诊断程序流程

依据故障诊断的四个流程掌握了多故障诊断系统的设计方法后，便可以设计多故障诊断的总体程序流程，方便软件程序的编写。其中多故障诊断程序设计如图 5-8 所示。图 5-8 中，DSP 首先对交流电压、电流和直流电压、电流进行采样并处理，判断其是否在安全阈值范围内，如果无故障则逆变器正常运行，如果有故障发生便生成故障代码，同时逆变器停止运行且并网开关断开。此时故障录波装置工作，录取故障检测时刻前后约 100ms 的故障波形并以 .csv 文件格式保存。智能故障诊断单元接收 DSP 发送的所有故障代码并读取故障录波文件，所有的故障代码经过故障分类子程序后产生主要故障，该主要故障会触发相应的故障定位子程序，故障定位程序执行后其输出结果为故障原因或故障位置，而故障隔离子程序根据故障定位程序执行的结果寻找对应的故障隔离措施，最终"主要故障，故障原因或位置，故障隔离措施"这些数据都会发送至显示设备，维修人员根据故障诊断的结果进行故障排查，检查故障诊断结果是否正确，并向诊断系统发送反馈标志。如果诊断结果正确，则将故障录波数据与对应的诊断结果上传到数据库实现数据库的更新；如果诊断结果不正确，那么就需要更正实际故障诊断结果和故障隔离措施并更新数据库。在数据库更新之后利用新的数据库对模型重新进行训练实现模型的更新。

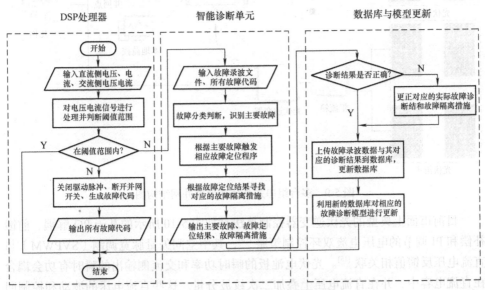

图 5-8 多故障诊断程序流程总图

5.2 直流侧故障诊断

直流侧的故障诊断主要分为电压的幅值监测和故障成因的鉴别，电压监测是对直流电容的端电压进行阈值检测，超过预警上限或低于预警下限即认为发生故障，触发相应保护[18]。故障成因的鉴别即利用故障录波数据，对多种故障成因解耦并鉴别出主要故障成因，从而进行有效的故障隔离措施，使系统恢复运行[18]。

　　大功率光伏电站以集中式光伏逆变器为主，而户用型小功率光伏发电系统主要采用组串式光伏逆变器。本节以两级组串式光伏逆变器为例，介绍直流侧故障诊断的相关内容。图 5-9 所示为多台组串式光伏逆变器并网结构图，该结构包含多路MPPT 跟踪，具有系统损耗较小、发电量高、配置灵活等优点。其中，每条光伏子串经过汇流箱与光伏逆变器相连，实现直流到交流的变换。且每台光伏逆变器连接到同一并网点，构成完整的光伏发电系统。每台光伏逆变器上都配置数据采集和故障录波功能，可以得到相应故障数据，从而实现故障诊断。

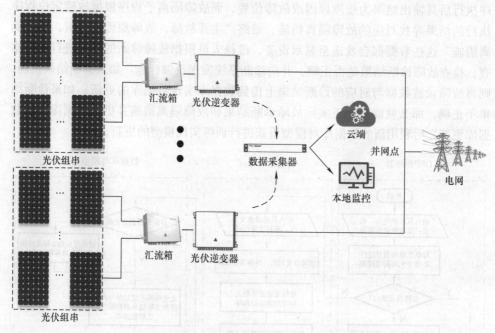

图 5-9　多台组串式光伏逆变器并网结构图

　　目前市面上典型的光伏逆变器控制算法是如图 5-10 所示的基于 PQ 解耦、前馈补偿和 PI 调节的电压电流双环控制策略[18]，其中空间矢量脉宽调制（SVPWM）与直流电压反馈值相关联[18]。光伏电池板的瞬时功率和交流侧输出的瞬时有功会耦合在直流电容中，并在直流电压上叠加二次纹波分量。这些直流电压的波动和控制回路的强耦合都会给直流侧故障诊断带来挑战。图 5-10 中以电网电压定向，即通过三相相电压 e_{abc} 得到电压同步矢量角 θ，并以此角度为基准对三相相电压 e_{abc} 和三相线电流 i_{abc} 进行坐标变换，得到同步旋转坐标系下 dq 轴电压 e_d 和 e_q、dq 轴电流 i_d 和 i_q。电压外环输入为直流侧采样值 U_{dc} 和其参考值 U_{dc}^*，经过 PI 调节器后的输出变量作为电流内环 d 轴参考量 i_d^*，在单位功率因数并网运行条件下 q 轴参考量 i_q^* 固定为 0。控制环路中往往有限幅环节。经过电流内环后的输出量为逆变器输出参考电压，其dq 轴分量 u_d 和 u_q 作为 SVPWM 的输入量，SVPWM 输出逻辑电平控制功率开关的开通和关断，进而实现直流到交流的变换。

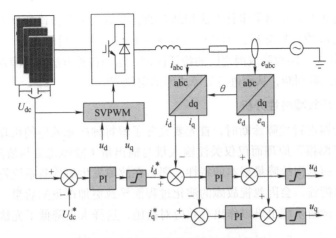

图 5-10　典型光伏逆变器控制结构图

5.2.1　直流过电压故障

光伏逆变器直流过电压故障发生条件为直流电容电压 U_{dc} 超过最大允许电压 U_{max} 且维持一段时间，进而触发过电压保护电路导致逆变器停机。由于逆变器内部结构复杂以及多类故障相互耦合，其故障诊断难点在于故障成因的鉴别。根据直流过电压故障诱因位置的不同，几种故障成因下的故障分析及处理方法见表 5-4。其中计量板上为采样电路，DSP 上为控制电路，转接板连接两者。

表 5-4　直流过电压故障分析表

故障条件	故障原因	故障分析判断	网页显示（解决措施）
运行中 U_{dc} > U_{max}	1. 组件过电压	1）参考汇流箱电压；2）所有逆变器都报过电压	用万用表测量直流侧组件电压，重新配置组件串并联数目
	2. 交流过电压	1）参考汇流箱电压；2）所有逆变器都报过电压；3）参考交流侧电压	检查交流电压
	3. 采样通道	DSP 采样与计量板采样比较	检查直流采样线缆，依次更换 DSP、转接板、计量板
	4. 其他原因	—	联系维修工程师，进行现场检测与诊断

其他突发原因指自然或人为的无法预估的故障原因，出现该类原因时需要专业维修人员到现场进行检查并维修。根据表 5-4 中故障处理方法可知，故障成因判断必须停机才能检测，维修人员无法第一时间到场导致时间成本增加，并且伴随发电

量的亏损。由此本节介绍了多种方法相结合的直流侧故障综合诊断框架。根据相关故障数据进行故障特性分析，即从电气层面分析故障发生后的现象（电压、电流、功率变化），找出不同故障成因之间的特征区别，运用各种方法对故障录波数据进行处理后再进行逻辑判断，从而进行故障成因的定位 [18]。

5.2.1.1 过电压故障特性分析

在对逆变器进行故障诊断时，首先要充分了解每种故障发生的机理，如果只是单纯地遵从"黑箱"原理而仅仅关注输入量与输出量（故障现象与故障检测结果）的对应关系，而忽视故障最根本的特性，那么在故障发生后诊断系统将难以给出有效的故障隔离措施，会因忽视故障的演化过程而导致更加严重的后果。并且当未知故障发生时，诊断系统也难以作出有效应对措施，这样大大降低了光伏系统的可靠性 [18]。

为了研究表 5-4 中三种主要故障成因出现后的电压、电流及功率的变化，分别对三类成因进行故障特征的分析。

（1）当前级组件过电压时，根据图 5-10 所示的逆变器控制结构，直流电压反馈值 U_{dc} 增加，则直流电压参考量 U_{dc}^* 和电压反馈值 U_{dc} 之间差值变大，有功电流指令值 i_d^* 增大，光伏组件向电网输出的有功功率增加，导致直流电容上的能量得到释放从而缓解过电压的情况。但是当组件持续过电压时，有功电流指令值 i_d^* 一直增大，由于系统存在限幅环节，最后得到的输出电压的 dq 轴分量 u_d 和 u_q 限制在能控范围内，逆变器向电网输出最大有功功率，三相电流幅值被限幅环节所限制，并且直流电压持续上升。

（2）交流侧发生三相对称的瞬时过电压时，即交流侧线电压大于直流电容电压，能量会从交流侧经逆变桥倒灌给直流电容，从而造成直流过电压。但是由于三相电路中有滤波电感存在，电流流向不会瞬时改变，这样就会使三相电流发生畸变。可以用简单的电路来解释这种现象，如图 5-11 所示，当交流侧发生三相对称的瞬时过电压，可以认为在每相的等效电路中产生一个阶跃响应 $\varepsilon(t)$，根据叠加定理，这个阶跃响应会在三相电流上产生随时间 t 逐渐衰减的零状态响应，并且这个非周期零状态响应信号会造成高次谐波增加，经过坐标变换后会进一步增大系统的谐波含量，最终导致三相电流波形在故障瞬间发生畸变，一段时间后因不满足并网标准而脱网，从而避免这种能量倒灌现象的持续发生。

（3）当采样问题造成直流过电压故障发生时，直流电压的采样值 U_{dc} 超过最大电压预警值 U_{max}，此时反馈值和电路实际值严重不匹配。由于控制电路和主电路之间的联系通过实时采样和功率开关驱动电路实现，这种情况相当于打破了主电路和控制电路之间的信息传递，在故障时刻产生很大的前后级能量差。

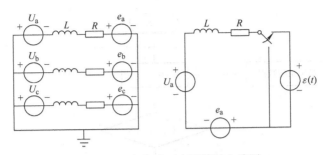

图 5-11　三相交流过电压等效电路图

5.2.1.2　过电压故障特征提取

根据前级组件过电压和交流过电压的故障特性分析，两者在故障后三相电流波形形态完全不同，交流过电压三相线电流会严重畸变，而前级组件过电压三相线电流仍保持完整正弦波（仅仅幅值产生变化）。因此可提取三相线电流的总谐波失真（THD）进行直流过电压故障成因的定位。

对于采样值错误这种故障成因，可以提取前后级瞬时功率差 $\Delta P(t)$ 来检测瞬时的能量差。光伏发电系统正常运行时，光伏电池板的瞬时功率 P_{PV} 和交流侧输出的瞬时有功 P_{e} 处于动态平衡[18]，前后级瞬时功率平衡方程如式（5-1）所示。

$$P_{\mathrm{PV}} - P_{\mathrm{e}} = \frac{C}{2}\frac{\mathrm{d}(U_{\mathrm{dc}}^2)}{\mathrm{d}t} \tag{5-1}$$

光伏电池板的瞬时功率 P_{PV} 可以用直流侧电压 U_{dc}、电流 I_{dc} 计算出，交流侧输出的瞬时有功 P_{e} 也可以通过三相相电压 e_{abc}、三相线电流 i_{abc} 计算出，如式（5-2）和式（5-3）所示。

$$P_{\mathrm{PV}} = U_{\mathrm{dc}}I_{\mathrm{dc}} \tag{5-2}$$

$$P_{\mathrm{e}} = e_{\mathrm{a}}i_{\mathrm{a}} + e_{\mathrm{b}}i_{\mathrm{b}} + e_{\mathrm{c}}i_{\mathrm{c}} \tag{5-3}$$

将式（5-3）和式（5-2）带入式（5-1）中，可以得到某段时间内的瞬时功率差 $\Delta P(t)$，表达式如下：

$$\Delta P(t) = \int_{t_0}^{t}\left[P_{\mathrm{PV}}(t) - P_{\mathrm{e}}(t)\right]\mathrm{d}t - \frac{C}{2}\left[U_{\mathrm{dc}}^2(t) - U_{\mathrm{dc}}^2(t_0)\right] \tag{5-4}$$

式中，t_0 为瞬时功率差检测的起始时刻。

5.2.1.3　过电压故障特征识别

直流过电压的故障特征识别主要用于故障成因的定位，前提条件是要确定故障类型。故障类型检测较为简单，只需进行阈值判断即可。根据上述故障特性分析，运用相关方法对故障特征进行提取，再进行故障成因的定位。详细故障诊断流程如图 5-12 所示。

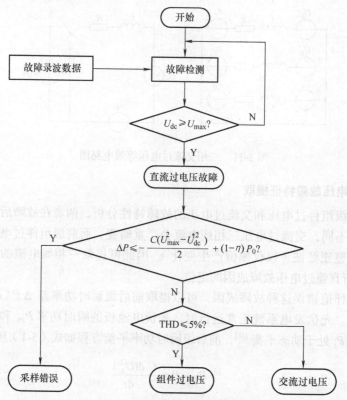

图 5-12　过电压故障诊断流程图

在确定为直流过电压故障后，需要选取合适的阈值对瞬时功率差 $\Delta P(t)$ 进行判断。由于实际运行中存在损耗及发电效率的变化，所以瞬时功率差 $\Delta P(t)$ 在一定范围内上下波动。同时式（5-4）中存在电压平方之差，且逆变器正常运行下的直流电压 U_{dc} 等于电压参考值，即直流电压在逆变状态下会大于交流线电压的幅值的 $\sqrt{3}$ 倍，所以可以忽略掉积分项的影响。当电压采样值错误时，即 U_{dc} 远大于 U_{max}，$\Delta P(t)$ 在故障时刻会突变。利用此特点即可区分采样故障，选择 $0.5C\,(U_{dc}^{2}-U_{max}^{2})$ 作为前后级瞬时功率检测阈值的下限，即瞬时功率差 $\Delta P(t)$ 低于这个阈值，故障成因定位为采样值错误。同时考虑系统的能量损耗，在原下限的基础上叠加（1 − η）P_0，其中 P_0 为额定功率，η 为逆变器的效率。

若不满足前后级瞬时功率检测的判断条件，需要计算三相电流的 THD。由于过电压故障判断条件为电压持续超过预警值以及故障检测出现的延迟，所以 DSP 总能捕捉到一部分故障数据。随机选取故障后一个基波周期波形，若三相电流 THD 都大于并网指标 5%，故障成因定位为交流过电压，否则定位为前级组件过电压。

5.2.1.4　实验结果

为了验证上述故障检测流程的正确性，同时考虑到故障实验的不可逆性及安全性，采用加拿大 Opal-RT 公司出品的 RT-Lab 电力电子半实物实验平台，并进行相应的硬件在环实验（Hardware In Loop，HIL），实验平台如图 5-13 所示。相关参数见表 5-5。在实验中模拟各种故障成因下直流过电压故障的工况，利用示波器观测波形变化趋势，通过上位机获取故障前后的详细数据，具体包括直流侧电压 U_{dc}、直流侧电流 I_{dc}、并网点三相线电流 i_{abc} 及并网点三相相电压 e_{abc}。

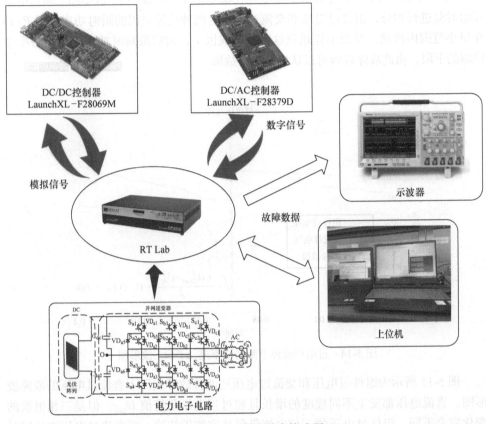

图 5-13　HIL 实验平台构成图

表 5-5　实验模型参数表

参数	数值	参数	数值
额定功率 P_0	40kW	发电效率 η	99.5%
电压参考值 U_{dc}^*	800V	直流电容 C	5×10^{-3}F
过压预警值 U_{max}	1000V	瞬时功率检测上限	1300
欠压预警值 U_{min}	200V	瞬时功率检测下限	−700

由上述分析可知，利用瞬时功率差 $\Delta P(t)$ 在故障时刻产生跃变的特点即可区分采样故障和其他故障，在选取故障判断阈值时，可以忽略掉积分项的影响。选择合适的阈值作为功率差检测的下限，同时考虑系统的能量损耗，在原下限的基础上叠加（$1-\eta$）P_0。若瞬时功率差 $\Delta P(t)$ 小于功率差检测的下限且检测到发生过电压故障，则认为故障成因为采样故障。

图 5-14 所示为不同故障成因下过电压故障瞬时功率差 $\Delta P(t)$ 波形图。从过电压开始时刻进行积分，组件过电压和交流过电压这两种故障成因的瞬时功率差 $\Delta P(t)$ 在很小范围内波动，反观采样错误这种故障成因下，前后级瞬时功率差小于功率差检测的下限，由此故障成因可以认定为采样故障。

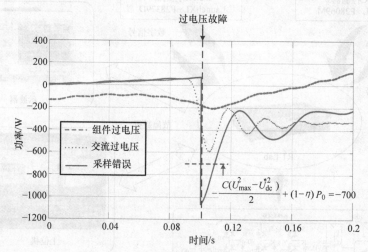

图 5-14　过电压故障下瞬时功率差 $\Delta P(t)$ 波形图

图 5-15 所示为组件过电压和交流过电压这两种故障成因下直流过电压的故障波形图。直流电压都发生不同程度的增长且超过过电压预警值 $U_{\max}$。但是三相电流的变化完全不同，组件过电压的三相电流仍保持完整正弦波，而交流过电压在故障时刻明显发生畸变。根据所提出的方法，选取两者故障前后的三相电流数据，计算 10 个基波周期的 THD，结果见表 5-6。组件过电压三相电流 THD 变化不大，小于并网标准的 5%，而交流过电压三相电流在故障时刻发生严重畸变，其 THD 远大于并网标准。由此可以区别这两种故障成因。

5.2.1.5　结论

对于直流过电压故障，故障类型判断比较简单，难点在于故障成因鉴别。本节选取三种典型故障成因进行分析，其故障诱因分别出现在直流侧，采样环节以及交流侧。根据不同故障成因与故障特征之间的一一对应关系，提出了相应故障特征识别方法，并在实验中验证所提方法的有效性。

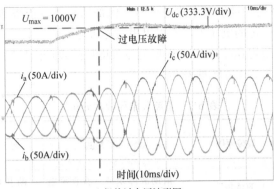

a) 组件过电压波形图

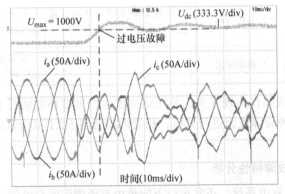

b) 交流过电压波形图

图 5-15 组件过电压和交流过电压成因下关键节点电流电压波形图

表 5-6 组件过电压和交流过电压成因下输出电流 THD 指标对比表

故障成因	序号	THD（%）									
		1	2	3	4	5	6	7	8	9	10
前级组件过电压	A	0.78	0.82	0.89	0.98	1.24	3.76	1.13	0.76	1.10	0.91
	B	0.72	0.68	0.68	0.72	0.84	2.49	0.76	0.91	0.91	0.80
	C	0.74	0.80	1.00	1.15	1.55	3.93	0.98	0.96	0.81	0.75
交流过电压	A	1.51	1.48	1.54	1.54	70.46	65.82	46.75	19.52	11.33	8.87
	B	1.68	1.67	1.67	1.73	113.96	110.53	48.78	17.10	14.02	9.45
	C	1.46	1.56	1.49	1.50	274.56	61.16	39.56	12.81	9.55	8.74

5.2.2 直流欠电压故障

光伏逆变器直流欠电压故障发生条件为直流电容电压低于最小允许电压 U_{min}，

此时逆变器直接停机。对于组串式逆变器，内部结构含有前级 DC/DC 环节，组件电压和直流电压有一定的电压差。所以组串式光伏逆变器欠电压故障发生几率较小，故障耦合程度低于过电压故障[18]。根据直流欠电压故障诱因位置的不同，几种故障成因下的故障分析及处理方法见表 5-7。

表 5-7　直流欠电压故障分析表

故障条件	故障原因	故障分析判断	网页显示（解决措施）
运行中 $U_{dc} < U_{min}$	1. 直流短路	借助故障录波，看直流电流是否有反向电流	断开直流空开，测量外部直流电压
	2. 采样问题	比较 DSP 采样电压和计量板采样电压	检查直流采样线缆，依次更换 DSP、转接板、计量板
	3. 其他原因	—	联系维修工程师，进行现场检测与诊断

直流欠电压故障仅出现在光伏系统结构发生严重破坏的情况下，本节对直流短路和采样问题两种故障成因进行分析，相关内容会与 5.2.1 节内容重复，因此这里不多赘述。

5.2.2.1　欠电压故障特性分析

1）对于并网发电系统，正常运行下能量由直流侧流向交流侧，所以直流电流 I_{dc} 方向固定不变且经 DC/AC 流向交流侧。但是当直流侧发生外部短路时且未及时触发保护，比如逆变器外壳带电发生接地短路或者组件线缆发生接地短路，前级组件能量和电网能量会由故障点流向大地。图 5-16 所示的两级式光伏逆变器，直流侧发生接地短路的情况，电流 I_{dc} 流向变向，光伏组件输入的能量也会有一部分泄露，前后级的瞬时功率差也会增大。

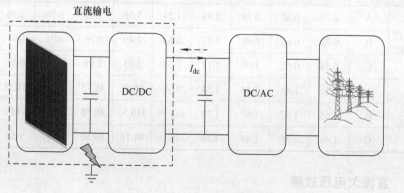

图 5-16　两级式逆变器直流短路图

2）当采样问题造成直流欠电压故障发生时，由于 SVPWM 调制策略下的逆变运行的限制条件（直流电压必须大于交流侧线电压幅值的 $\sqrt{3}$ 倍），所以当采样问题导致欠电压故障发生时，系统会立即触发相应保护。采样问题所造成的直流欠电压故障特性与过电压故障类似，不同的是直流电压反馈值 U_{dc} 会低于最小电压预警值 U_{min}，前后级瞬时功率差与上节所述的正负特性相反。

5.2.2.2　欠电压故障特征识别

如图 5-17 所示，对前后级瞬时功率差 $\Delta P(t)$ 进行阈值判断，欠电压故障下取 $0.5C(U_{dc}^2 - U_{min}^2) - (1-\eta)P_N$ 为上限。若故障时刻 $\Delta P(t)$ 大于这个阈值，即认为是系统采样值错误。基于直流短路特征分析，通过监测直流电流 I_{dc} 的方向，可以在欠电压故障下定位故障成因为直流短路。

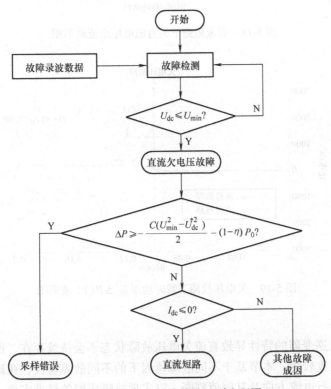

图 5-17　欠电压故障特性识别流程图

5.2.2.3　实验结果

同理，基于图 5-13 实验平台进行直流欠电压故障实验，图 5-18 所示为直流短路故障下欠电压故障的关键节点电压电流波形图，可见直流短路下直流电流 I_{dc} 在故障时刻小于 0，方向发生变化。图 5-19 所示为两种故障成因下欠电压故障瞬时功率差 $\Delta P(t)$ 随时间变化图，对故障时刻进行积分重置，并且进行阈值判断。虽然直流短路这种故障成因下的瞬时功率差 $\Delta P(t)$ 也会波动，但是其波动范围较小，不满足大于功率差检测上限的标准，所以不会发生误判。

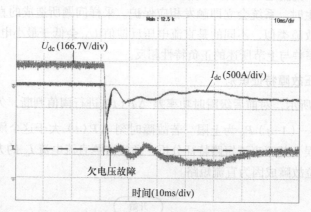

图 5-18　直流短路下的直流电压电流波形图

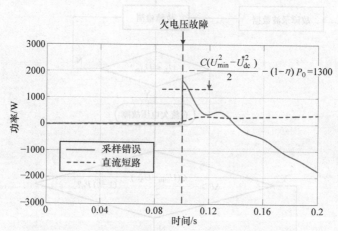

图 5-19　欠电压故障下瞬时功率差 $\Delta P(t)$ 波形图

5.2.2.4　结论

由于光伏逆变器的特性导致直流欠电压故障状态不会持续存在，所以欠电压故障数据时间尺度较短。本节基于不同故障诱因下的不同故障特性，在确定故障类型的情况下，进行电流方向及其阈值判断，以实现故障成因的精准定位，并在实验中验证所提方法的有效性。同时这种方法无需增加内部传感器，易于软件实现，对于工程应用具有很好的指导意义。

5.3　逆变器故障诊断

逆变器在高温、高湿、盐雾等恶劣运行环境下，功率开关极易越出安全工作区，引发永久性损伤。功率开关的故障主要包括开路故障和短路故障两类[14-16]。开路故障发生后，系统不会立即停机，故障状态会持续一段时间，故障状态下的有效故障数据相对较多[17, 18]。目前关于功率开关故障诊断的研究主要集中于开路故障。与开路故障不同，短路故障发生后直流侧和逆变器之间直接构成短路回路，形成非常大的短路电流，为了避免对设备甚至电力系统造成危害，应在几微秒内排除短路故障。现有大多数方案都是基于硬件电路来实现功率开关短路故障的检测和保护[19-21]。即增加可靠的保护电路，在短路故障发生后立刻保护功率开关。

图 5-20 所示为 NPC 型并网逆变器，是最为常用的组串式光伏并网逆变器结构。基于三相电流的小波包分析，并依托神经网络算法，可有效实现功率开关开路故障在线诊断[22-24]。基于逆变器停机后三相电流波形特性分析，也可以实现有效故障数据下的短路故障在线诊断[25]。

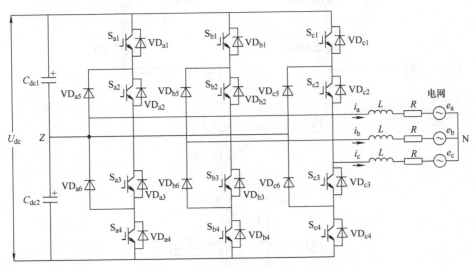

图 5-20　NPC 并网逆变器简化电路图

5.3.1　功率开关开路故障在线诊断

功率开关开路故障采用 5.1 节中介绍的逆变器智能化故障诊断框架，重点包含故障特征提取和故障特征识别两部分。

5.3.1.1　开路故障特性分析

以图 5-20 所示 NPC 型并网逆变器的 S_{a1} 和 S_{a2} 为例，分析功率开关开路故障时的相电流特性[26]。

S_{a1} 开路故障：

① $U_{AZ} > 0$，$i_a > 0$：A 相电流路径由如图 5-21a 所示虚线路径变成实线路径，

进而导致 U_{AZ} 的 PZ 交替状态变为恒 Z 状态，由于参考电压（正弦正半波）的钳制作用，导致恒 Z 状态无法一直存在，因此正向电流迅速减为 0，并且此后在此区间内均不存在正向电流。

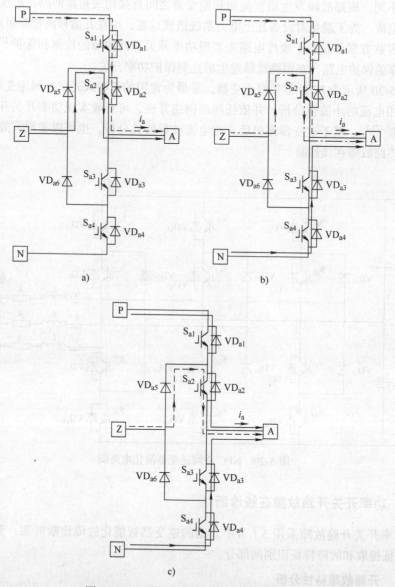

图 5-21 开路故障状态下相电流路径变化

② $U_{AZ} > 0$，$i_a < 0$：在此区间内 A 相电流不经过 S_{a1}，因此 S_{a1} 开路对此区间内的 A 相电流无影响。

③ $U_{AZ} < 0$，$i_a > 0$：在此区间内 A 相电流不经过 S_{a1}，因此 S_{a1} 开路对此区间内

的 A 相电流无影响。

④ $U_{AZ} < 0$，$i_a < 0$：在此区间内 A 相电流不经过 S_{a1}，因此 S_{a1} 开路对此区间内的 A 相电流无影响。

S_{a2} 开路故障：

① $U_{AZ} > 0$，$i_a > 0$：A 相电流路径由如图 5-21b 所示虚线和点画线路径变成实线路径，进而导致 U_{AZ} 的 PZ 交替状态变为恒 N 状态，由于参考电压（正弦正半波）的钳制作用，导致恒 N 状态无法一直存在，因此正向电流迅速减为 0，并且此后在此区间内均不存在正向电流。

② $U_{AZ} > 0$，$i_a < 0$：在此区间内 A 相电流不经过 S_{a1}，因此 S_{a1} 开路对此区间内的 A 相电流无影响。

③ $U_{AZ} < 0$，$i_a > 0$：A 相电流路径由如图 5-21c 所示虚线路径变成实线路径，进而导致 U_{AZ} 的 ZN 交替状态变为恒 N 状态，由于参考电压（正弦负半波）的钳制作用，导致恒 N 状态无法一直存在，因此正向电流迅速减为 0，并且此后在此区间内均不存在正向电流。

④ $U_{AZ} < 0$，$i_a < 0$：在此区间内 A 相电流不经过 S_{a1}，因此 S_{a1} 开路对此区间内的 A 相电流无影响。

S_{a1} 与 S_{a2} 开路故障对各区间内的故障相电流的影响归纳见表 5-8。

表 5-8　开路故障下相电流特性

故障状态		状态区间			
		$U > 0$, $I > 0$	$U > 0$, $I < 0$	$U < 0$, $I > 0$	$U < 0$, $I < 0$
S_{a1} 开路	A 相电流 (i_a)	0	正常	正常	正常
S_{a2} 开路		0	正常	0	正常

由表 5-8 可知，在单位功率因数并网，即电压电流同相的条件下，S_{a1} 和 S_{a2} 开路故障均会造成 A 相电流失去正半周波形而只保留负半周波形，因此仅从电流的角度出发，NPC 型并网逆变器的功率开关开路故障诊断可以定位到故障开关所在桥臂。

5.3.1.2　故障特征提取

故障特征提取主要解决两个问题：一是提取到有效表征故障特性的特征值；二是将数据降维。开路故障特征提取方法选择小波包分解法，其在 1.1.3 节中已进行详细介绍，本节主要介绍小波包分解法在故障诊断中的具体应用。

小波包分解与单支重构可以获取原始信号 $l(n)$ 在底层各节点（频段）的等长度分量 $l_0(n) \sim l_m(n)$，求取等长分量 $l_k(n)$ 的信号平方和可以得到原始信号在该频段的能量值 E_k，进而可以求取原始信号在各频段的能量值分布比例 $E'_0 \sim E'_m$。高频分量较低频分量而言，更易受到外界因素干扰，能量占比也更小，通常选取低频段的能量值分布比例作为故障特征值。小波包分解层数确定的原则为保证能量基本分布在底层数各节点，但不可过于分散。在 2.7kHz 信号采样频率条件下，分解层数确定为 5。节点选取的原则主要包括两点：一要保证所选节点的能量和占总能量比例足够大，该条件决定了所选节点数的下限；二要保证能量分散在底层所选节点，该条件决定了所选节点数的上限。在 2.7kHz 信号采样频率，小波包分解 5 层的条件下，选取底层前 3 节点能量值分布比例作为故障特征值。三相电流共有 9 个故障特征值：E'_{a0}、E'_{a1}、E'_{a2}、E'_{b0}、E'_{b1}、E'_{b2}、E'_{c0}、E'_{c1}、E'_{c2}。

不同故障发生将导致三相电流产生不同的畸变，进而导致三相电流的频率成分产生不同的变化，图 5-22 所示为 S_{a1} 和 S_{c1} 开路故障的特征值对比。可见两种故障的特征值存在明显差异，因此小波包分解与重构得到的能量值分布比例可以有效表征故障特征。

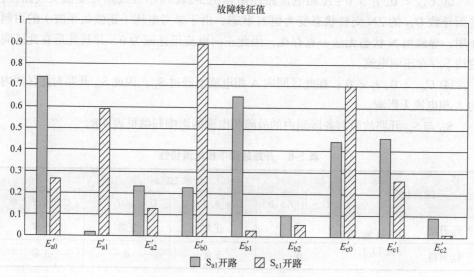

图 5-22 不同开路故障特征值对比

实际工况下逆变器交流侧输出功率会发生变化和波动，输出电流幅值并不固定。幅值不同的信号在各频段的能量值不同，但波形相似幅值不同的信号在各频段的能量值分布是几乎相同的。小波包分解与重构得到能量值分布比例作为故障特征值可以有效应对电流幅值的变化和波动，如图 5-23 所示。

计算能量值的过程涉及求信号平方和的运算，导致信号的相位信息丢失。同一相的上下桥臂对称功率开关开路故障所表现出来的故障电流特性几乎完全关于时间轴对称，进而导致从三相故障电流中提取故障特征值时会提取到几乎相同的能量值分布比例数值，如图 5-24 所示，这显然不利于故障诊断。

为了解决这一问题，依据相电流平均值正负特性对特征值进行优化。在实际工况下往往平均值绝对值最小的一相的电流平均值会随着相位的不同而正负特性发生变化，若只是简单根据三相的平均值特性对特征值进行优化必定会造成同一故障下

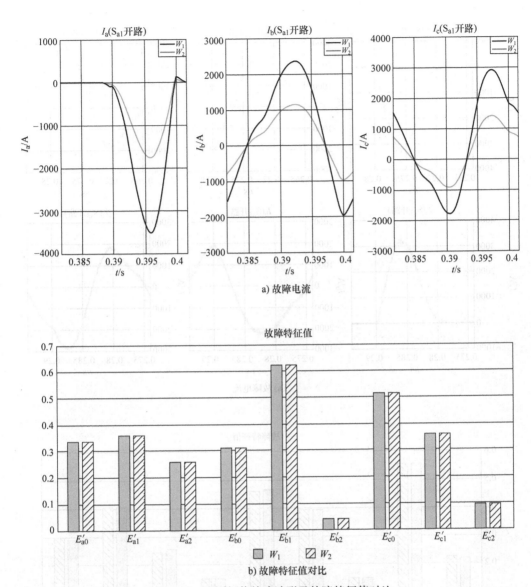

a) 故障电流

b) 故障特征值对比

图 5-23 不同幅值故障波形及故障特征值对比

的故障特征值符号不固定。为保证同一故障下的故障特征值符号始终固定，采用单相特征值优化法，具体步骤如下：

① 计算三相电流平均值；

② 平均值的绝对值最小的一相特征值不变；

③ 平均值的绝对值较大的两相中，平均值为正的一相特征值不变，平均值为负的一相特征值进行乘 -1 变化。

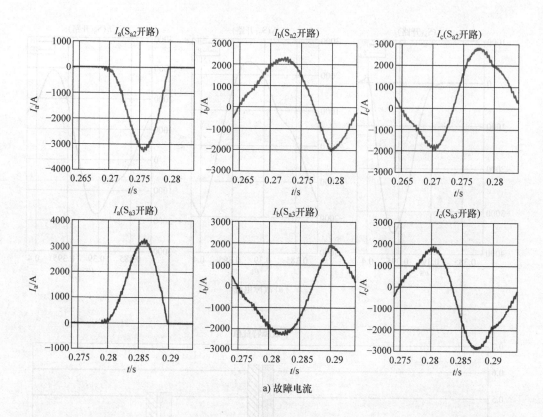

a) 故障电流

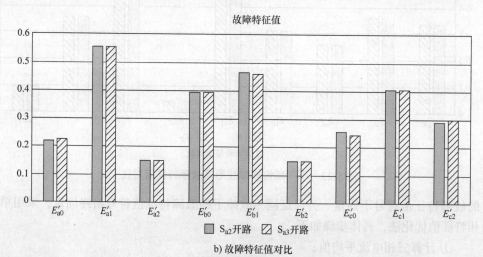

b) 故障特征值对比

图 5-24　对称功率开关开路故障波形及故障特征值对比

具体表达式如下：

$$E_x^* = \begin{cases} E_x \times \mathrm{sgn}(\overline{I}_x), & \overline{I}_x \neq \min\left(|\overline{I}_a|, |\overline{I}_b|, |\overline{I}_c|\right) \\ E_x, & \overline{I}_x = \min\left(|\overline{I}_a|, |\overline{I}_b|, |\overline{I}_c|\right) \end{cases} \tag{5-5}$$

其中，E_x^* 为优化后特征值，E_x 为优化前特征值，$x = a$，b，c。

5.3.1.3　故障特征识别

故障特征识别主要解决根据提取到的故障特征值有效识别出故障类型和位置。开路故障特征识别方法选择 BP 神经网络，其在 1.1.3 节中已进行详细介绍，本节主要介绍 BP 神经网络在故障诊断中的具体应用。

采用 BP 神经网络作为故障特征识别模型，利用已经构建好的特征量样本数据库作为训练数据和测试数据，在训练并测试好神经网络模型后，将实时故障特征向量作为神经网络模型的输入向量，其输出为功率开关开路故障位置代码，以此实现逆变器功率开关开路故障的故障定位。

故障发生后获取故障波形的不确定性导致最终获取的故障波形初始相位不固定，针对任意相位的故障数据，如何准确有效的实现故障特征识别是故障诊断的关键。神经网络的泛化能力指用于对未知数据预测的能力，即训练好的神经网络模型对不在训练集中的数据的预测能力。在多轮迭代之后，一个神经网络记住了已经训练的输入和目标，当新的输入进来之后，神经网络有能力预测与新的输入相匹配的输出。因此将不同初始相位的故障数据全部用于对神经网络训练，训练后的神经网络有能力将同种故障下任意相位的故障数据都识别为同一类故障。

神经网络训练与测试具体步骤如下：

① 对任一故障，将其故障电流数据等间隔（$T/(2n)$，T 为基波周期，n 为该故障训练样本数和测试样本数）分离，依次得到不同初始相位下的单周期三相电流数据 $I_{abc\_1} \sim I_{abc\_2n}$，如图 5-25 所示。

② 从 $I_{abc\_1} \sim I_{abc\_2n}$ 中交叉式选取训练样本和测试样本，即 I_{abc_2i+1} 为训练样本，I_{abc_2i+2} 为测试样本，其中 $i = 0 \sim n-1$。

③ 根据 I_{abc_2i+1} 对应的故障样本对神经网络进行训练，并给相同的训练目标。

④ 根据 I_{abc_2i+2} 对应的故障样本对训练后的神经网络进行测试，验证神经网络的识别能力。

5.3.1.4　诊断结果

基于 Cortex-A15 智能处理器在 Linux 嵌入式系统中实现小波包与神经网络的功率开关开路故障在线诊断功能。基于图 5-26 所示的硬件在环实验平台对 NPC 型并网逆变器功率开关开路故障在线诊断功能进行验证。其中实验参数见表 5-9。

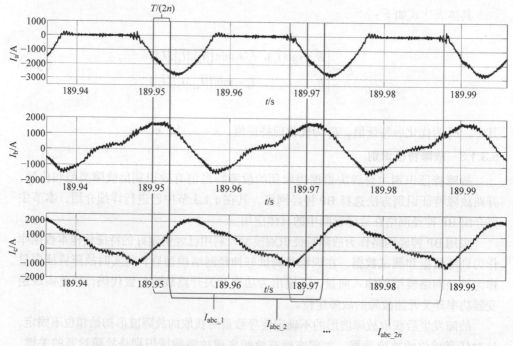

图 5-25 神经网络样本数据获取示意图

| 上位机 | RT-LAB+控制器 | A15智能单元 |

图 5-26 硬件在环实验平台

表 5-9 实验参数

直流电压 /V	1100
直流侧电容 /mF	0.8
电网线电压 /V	600
输出频率 /Hz	50
开关频率 / kHz	2.7

表 5-10 为 NPC 型并网逆变器功率开关开路故障的在线诊断结果统计。

表 5-10　功率开关开路故障在线诊断结果统计

故障开关	S_{a1}	S_{a2}	S_{a3}	S_{a4}	S_{b1}	S_{b2}	S_{b3}	S_{b4}	S_{c1}	S_{c2}	S_{c3}	S_{c4}
实验次数	30	30	30	30	30	30	30	30	30	30	30	30
诊断正确次数	30	30	30	30	30	30	30	30	30	30	30	30
诊断正确率（%）	100	100	100	100	100	100	100	100	100	100	100	100

5.3.1.5　结论

开路故障发生后，故障状态持续时间较长，故障状态下的有效数据足够多。采用小波包分解与重构提取三相故障电流能量值分布比例作为故障特征值可有效表征开路故障特性，采用 BP 神经网络可根据故障特征值有效识别故障类型和故障位置。实验结果证明这种小波包和神经网络相结合的开路故障诊断方法，可完成 NPC 型并网逆变器功率开关开路故障的在线故障诊断。

5.3.2　功率开关短路故障在线诊断

功率开关短路故障的硬件保护速度极快，故障状态下的运行数据很少，因此无法通过逆变器停机前的有效故障数据进行故障定位[26]。由于逆变器停机后并网开关需要经过数个基波周期的延迟才会断开，因此在系统停机后的一段时间内，逆变器仍会连接到电网。尽管在此期间所有功率开关均处于封波状态，但由于单个内部开关的短路故障导致系统中仍然存在电流回路。基于这一事实，提出一种并网 NPC 逆变器系统内部开关短路故障定位方法，该方法可以根据系统停机后的三相电流准确定位发生短路故障的内部开关的位置。

为方便下文分析，对图 5-20 所示 NPC 型并网逆变器中的功率开关进行分组，如图 5-27 所示，S_{a1}、S_{a4}、S_{b1}、S_{b4}、S_{c1}、S_{c4} 归为外开关，S_{a2}、S_{a3}、S_{b2}、S_{b3}、S_{c2}、S_{c3} 归为内开关。

5.3.2.1　短路故障特性分析

以图 5-27 所示 NPC 型并网逆变器的 A 相功率开关 S_{a1}、S_{a2}、S_{a3} 和 S_{a4} 为例，分析功率开关短路故障时的电压和电流特性。

S_{a1} 短路故障：

在 A 相 0 状态会造成直流侧正母线电容 C_{dc1} 短路，短路回路如图 5-28a 所示。进而导致 S_{a2}、S_{a3} 和 VD_{a6} 过电流，S_{a4} 承受直流母线电压而过电压。

S_{a2} 短路故障：

在 A 相 N 状态会造成直流侧负母线电容 C_{dc2} 短路，短路回路如图 5-28b 所示。进而导致 S_{a3}、S_{a4} 和 VD_{a5} 过电流，S_{a1} 承受直流母线电压而过电压。

S_{a3} 短路故障：

在 A 相 P 状态会造成直流侧正母线电容 C_{dc1} 短路，短路回路如图 5-28c 所示。

进而导致 S_{a1}、S_{a2} 和 VD_{a6} 过电流，S_{a4} 承受直流母线电压而过电压。

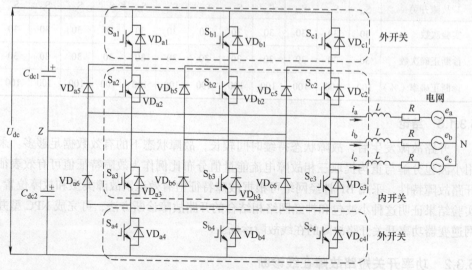

图 5-27 NPC 并网逆变器简化电路图

S_{a4} 短路故障：

在 A 相 0 状态会造成直流侧负母线电容 C_{dc2} 短路，短路回路如图 5-28d 所示。进而导致 S_{a2}、S_{a3} 和 VD_{a5} 过电流，S_{a1} 承受直流母线电压而过电压。

S_{a1}、S_{a2}、S_{a3} 和 S_{a4} 短路故障对同相其他功率开关的电压和电流的影响汇总见表 5-11。

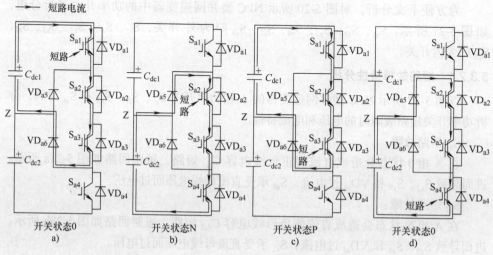

图 5-28 功率开关短路故障状态下的短路回路

表 5-11　短路故障功率开关的应力变化

故障状态	过应力状态	
	过电流状态	过电压状态
S_{a1} 短路	S_{a2}、S_{a3}、VD_{a6}	S_{a4}
S_{a2} 短路	S_{a3}、S_{a4}、VD_{a5}	S_{a1}
S_{a3} 短路	S_{a1}、S_{a2}、VD_{a6}	S_{a4}
S_{a4} 短路	S_{a2}、S_{a3}、VD_{a5}	S_{a1}

由表 5-11 可知，发生短路故障后，为了避免对设备甚至电力系统造成伤害，应在几微秒内排除故障。现有的大多数研究和方法都是基于硬件电路来检测短路故障并立即保护开关，包括去饱和检测法，电流镜检测法，栅极电压检测法和 di/dt 反馈控制法等[27-30]。这些方法均可以通过硬件电路及时检测到短路故障并保护功率开关，但是由于短路回路中包含多个功率开关，因此仍需要根据系统中的电压电流等物理量来定位导致短路回路形成的故障开关的位置。

5.3.2.2　逆变器停机后电流特性分析

健康状态下的停机等效电路：

功率开关未故障情况下逆变器停机后的系统等效电路如图 5-29 所示。从电网到直流母线电容构成了不可控整流电路，由于二极管的单向导通性，能量只能由电网传输至直流总母线。现任意假设电流回路 1 为：$i_a > 0$，$i_b < 0$，$i_c < 0$，电流回路 2 为：$i_a > 0$，$i_b < 0$，$i_c = 0$，电流回路 3 为：$i_a > 0$，$i_b = 0$，$i_c < 0$，三个电流回路分别如图 5-30a~c 所示。

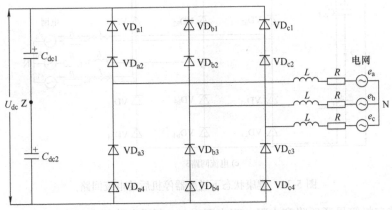

图 5-29　功率开关未故障情况下停机后等效电路

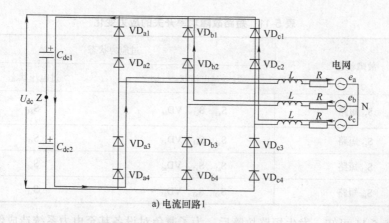

a) 电流回路1

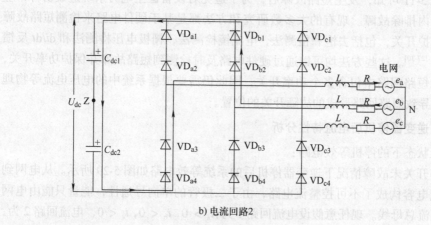

b) 电流回路2

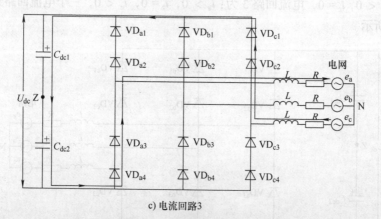

c) 电流回路3

图 5-30　健康状态下逆变器停机后的电流回路

忽略二极管导通压降和内阻，列出图 5-30a 所示电路的方程为

$$\begin{cases} U_{dc} = L\dfrac{di_b}{dt} + Ri_b + e_b - e_a - Ri_a - L\dfrac{di_a}{dt} \\[2mm] U_{dc} = L\dfrac{di_c}{dt} + Ri_c + e_c - e_a - Ri_a - L\dfrac{di_a}{dt} \\[2mm] i_a + i_b + i_c = 0 \end{cases} \tag{5-6}$$

整理式（5-6）可得一阶线性微分方程

$$\frac{di_a}{dt} + \frac{R}{L}i_a = -\frac{2U_{dc} + 3e_a}{3L} \tag{5-7}$$

求得方程式（5-7）在初始条件 $i_a|_{t=0}$ 下的通解为

$$i_a = \frac{3e_a + 2U_{dc}}{3R}\left(e^{\frac{-R}{L}t} - 1 \right) \tag{5-8}$$

令式（5-8）中 $i_a > 0$，求得不等式

$$U_{dc} < -\frac{3}{2}e_a \tag{5-9}$$

不等式（5-9）即为图 5-30a 所示电路存在的条件。

同理可以求得图 5-30b、c 所示换流电路存在的条件分别为

电流回路 2：

$$U_{dc} < e_{ba} \tag{5-10}$$

电流回路 3：

$$U_{dc} < e_{ca} \tag{5-11}$$

外开关短路故障：

以 A 相功率开关 S_{a1} 为例分析外开关短路故障情况下逆变器停机后的电流回路。

S_{a1} 短路故障情况下逆变器停机后的系统等效电路如图 5-31 所示。忽略二极管导通压降和内阻，三相电路完全对称，并且完全等价于图 5-29 所示电路。由此可知外开关短路故障与健康状态下逆变器停机后的电流回路完全一致。

内开关短路故障：

以 A 相功率开关 S_{a2} 为例分析内开关短路故障情况下逆变器停机后的电流回路。

S_{a2} 短路故障情况下逆变器停机后的系统等效电路如图 5-32 所示，若电网向直流总母线供电，则电流回路和图 5-30 完全一致。由于 S_{a2} 的短路导致直流侧存在中点电流，电网可以只向正母线电容 C_{dc1} 供电，电流回路分别如图 5-33a~c 所示。

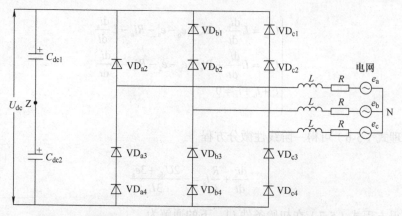

图 5-31　S_{a1} 短路故障情况下停机后等效电路

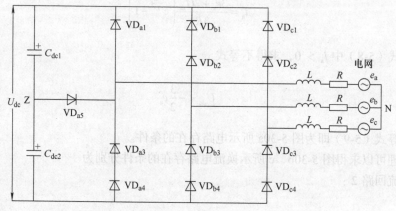

图 5-32　S_{a2} 短路故障情况下停机后等效电路

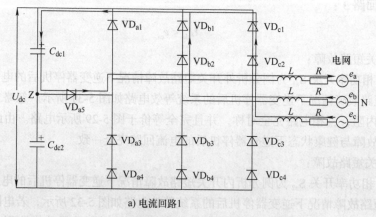

a) 电流回路1

图 5-33　S_{a2} 短路故障情况下逆变器停机后电流回路

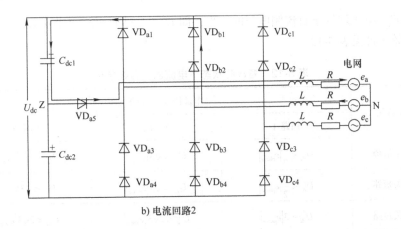

b) 电流回路2

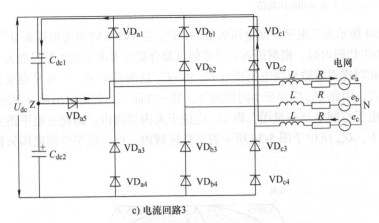

c) 电流回路3

图 5-33　S_{a2} 短路故障情况下逆变器停机后电流回路（续）

使用与上文相同方法可以求得图 5-33a~c 所示环流电路存在的条件分别为

电流回路 1：

$$U_{dc1} < -\frac{3}{2}e_a \tag{5-12}$$

电流回路 2：

$$U_{dc1} < e_{ba} \tag{5-13}$$

电流回路 3：

$$U_{dc1} < e_{ca} \tag{5-14}$$

5.3.2.3　短路故障定位方法

由于功率开关短路故障持续的时间极短，近似可认为在故障发生后逆变器就立即停机，因此在逆变器停机后电流回路出现前的时间区域内正母线电容 C_{dc1} 和负母

线电容 C_{dc2} 电压均等于直流侧电压的一半，即 $U_{dc}/2$，进而 5.3.2.2 节中各电流回路存在的初始条件见表 5-12。

表 5-12　各故障状态下电流回路存在条件

故障情况	电流回路存在的条件		
	回路 1	回路 2	回路 3
开关未故障	$U_{dc} < \dfrac{3}{2}\lvert e_{phase}\rvert$	$U_{dc} < \sqrt{3}\lvert e_{phase}\rvert$	$U_{dc} < \sqrt{3}\lvert e_{phase}\rvert$
外开关短路	$U_{dc} < \dfrac{3}{2}\lvert e_{phase}\rvert$	$U_{dc} < \sqrt{3}\lvert e_{phase}\rvert$	$U_{dc} < \sqrt{3}\lvert e_{phase}\rvert$
内开关短路	$U_{dc} < 3\lvert e_{phase}\rvert$	$U_{dc} < 2\sqrt{3}\lvert e_{phase}\rvert$	$U_{dc} < 2\sqrt{3}\lvert e_{phase}\rvert$

注：表中 $\lvert e_{phase}\rvert$ 为电网相电压幅值。

图 5-34 所示为三电平空间电压矢量图，U_{ref} 是 SVPWM 参考电压矢量[31, 32]。当 U_{ref} 位于小内切圆内时，根据最近矢量原则可知合成参考电压的矢量只能为小矢量和零矢量。此时逆变器输出线电压没有 U_{dc} 和 $-U_{dc}$ 这两种电平，三电平逆变器工作于两电平模式，因此 U_{ref} 应位于小内切圆外。另一方面，为例避免出现过调制，U_{ref} 应不超过三电平空间电压矢量图，即 U_{ref} 应位于大内切圆内。因此三电平逆变器正常运行状态下，U_{ref} 应位于图 5-34 所示的灰色区域内。由三电平空间电压矢量图的边长可得

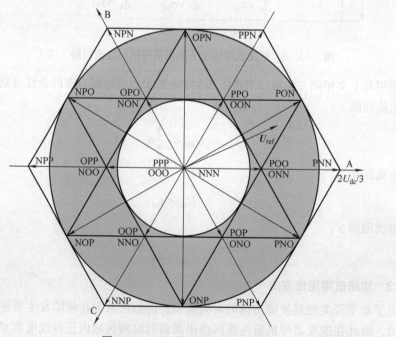

图 5-34　三电平空间电压矢量图

$$\frac{\sqrt{3}}{6}U_{dc} < |U_{ref}| < \frac{\sqrt{3}}{3}U_{dc} \tag{5-15}$$

忽略逆变器滤波电感和等效电路上的压降，近似认为在基频处逆变器输出电压等于电网电压，可得

$$\frac{\sqrt{3}}{6}U_{dc} < |e_{phase}| < \frac{\sqrt{3}}{3}U_{dc} \tag{5-16}$$

由式（5-16）结合表 5-12 可知，NPC 型并网逆变器在健康状态下停机后不存在电流回路；在外开关短路故障情况下停机后也不存在电流回路；在内开关短路故障情况下停机后电流回路 2 和 3 一定存在，即逆变器停机后存在三相电流是内开关短路故障的独有特征，电流回路 1 可能存在，也可能不存在。电流回路 1 是电流回路 2 和 3 状态上的叠加，即当电流回路 2 和 3 存在的时间足够长，且在一段时间内两个电流回路同时存在时电流回路 1 即存在。因此不论电流回路 1 是否存在都不影响内开关短路故障的定位。另外，由图 5-33 可知，上桥臂内开关短路故障情况下系统停机后的电流回路使得上母线电容 C_{dc1} 充电，因此内开关短路故障情况下系统停机后的三相电流并非一直存在，而是当电容充电结束后即消失。

由图 5-33 可知，S_{a2} 短路故障情况下系统停机后满足 A 相电流只具有正半周，B、C 两相电流只具有负半周。由对称性可推出 S_{a3}、S_{b2}、S_{b3}、S_{c2}、S_{c3} 短路故障情况下系统停机后的三相电流波形特性。汇总见表 5-13。

表 5-13　内开关短路故障电流特性

故障开关	电流特性		
	I_a	I_b	I_c
S_{a2}	正半周	负半周	负半周
S_{a3}	负半周	正半周	正半周
S_{b2}	负半周	正半周	负半周
S_{b3}	正半周	负半周	正半周
S_{c2}	负半周	正半周	正半周
S_{c3}	正半周	正半周	负半周

基于图 5-26 所示的硬件在环实验平台对 NPC 型并网逆变器功率开关短路故障的电流特性进行验证，实验结果如图 5-35 所示。

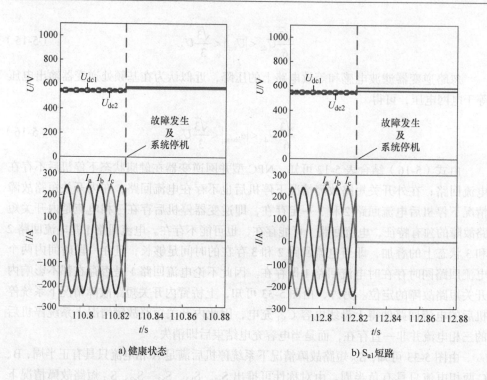

a) 健康状态

b) S₍ₐ₁₎短路

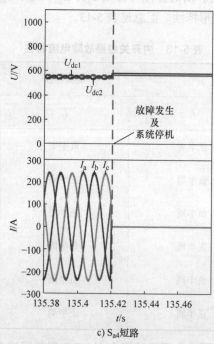

c) S₍ₐ₄₎短路

图 5-35 直流电压和三相输出电流波形图

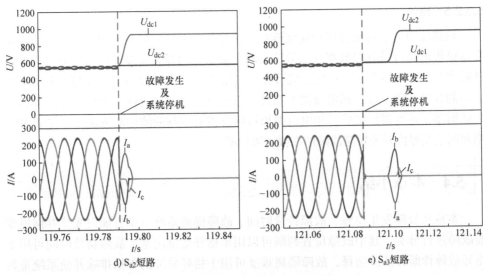

图 5-35　直流电压和三相输出电流波形图（续）

图 5-35a~c 分别是健康状态、S_{a1} 短路故障和 S_{a4} 短路故障情况下系统停机前后的三相电流和正负母线电压，可见这三种情况下逆变器系统停机后均无三相电流。图 5-35d、e 分别是 S_{a2} 短路故障和 S_{a3} 短路故障情况下逆变器系统停机前后的三相电流和正负母线电压，可见 S_{a2} 短路故障下系统停机后 A 相电流具有正半周，B、C 相电流均具有负半周，正母线电压升高；S_{a3} 短路故障下系统停机后 A 相电流具有负半周，B、C 相电流均具有正半周，负母线电压升高。实验结果与表 5-13 一致。依据表 5-13，结合逆变器系统停机后的三相电流波形特性即可执行内开关短路故障定位。

5.3.2.4　诊断结果

基于 Cortex-A15 智能处理器在 Linux 嵌入式系统中实现基于系统停机后三相电流波形特性分析的内开关短路故障在线诊断功能。基于图 5-26 所示的硬件在环实验平台对 NPC 型并网逆变器功率开关短路故障在线诊断功能进行验证。其中实验参数见表 5-9。

表 5-14 为 NPC 型并网逆变器内开关短路故障的在线诊断结果统计。

表 5-14　功率开关短路故障在线诊断结果统计

故障开关	S_{a2}	S_{a3}	S_{b2}	S_{b3}	S_{c2}	S_{c3}
实验次数	15	15	15	15	15	15
诊断正确次数	15	15	15	15	15	15
诊断正确率（%）	100	100	100	100	100	100

5.3.2.5 结论

短路故障发生后硬件保护速度极快，故障状态下的运行数据很少，无法通过逆变器停机前的有效故障数据进行故障诊断。基于并网开关需要经过数个基波周期的延迟才会断开这一事实，系统停机后存在三相电流是 NPC 型并网逆变器内开关短路故障的独有特性，且三相电流波形特性与故障开关之间具有唯一对应关系。实验结果证明基于逆变器停机后三相电流波形特性分析的短路故障诊断方法，可完成 NPC 型并网逆变器内开关短路故障的在线故障诊断。

5.4 本章小结

本章从故障发生位置、故障持续时间、故障隔离难度三个方面对光伏并网逆变器故障进行分类，其中故障位置判断可以用来指导运维决策，故障持续时间可用于指导故障诊断方法的选择，故障隔离难度可用于指导故障的平稳排除并使系统重新回归正常运行状态。同时基于突发性故障进行多故障诊断系统的综合设计，其中故障诊断过程包括故障检测、故障分类、故障定位和故障隔离四个部分。本章以工程实例为背景，分析了直流侧故障、逆变器功率开关故障的基本电压电流特性，介绍了针对不同类型故障应采取的故障诊断方法。其中基于逆变器系统前后级瞬时功率差检测及基本电压电流特性可实现直流侧过电压、欠电压故障的故障成因的定位；基于小波包分解与重构提取三相故障电流能量值分布比例作为故障特征值可有效表征功率开关开路故障特性，结合 BP 神经网络可根据故障特征值有效识别开路故障类型和故障位置；短路故障由于故障状态持续时间极短，无法通过逆变器停机前的有效故障数据进行故障诊断，但短路故障导致逆变器内部构成新的回路，系统停机后仍存在三相电流，且三相电流波形特性与故障开关之间具有唯一对应关系，据此可实现短路故障类型和位置的识别。

参 考 文 献

[1] 马铭遥，凌峰，孙雅蓉，等．三相电压型逆变器智能化故障诊断方法综述 [J]．中国电机工程学报，2020，40（23）：7683-7699．

[2] LING F, MA M, SUN Y, et al. Design of general framework for multi-fault diagnosis based on photovoltaic grid-connected inverter system[C]// 8th Renewable Power Generation Conference（RPG 2019），Shanghai, China, 2019：1-8.

[3] KOURO S, LEON J I.Grid-connected photovoltaic systems：an overview of recent research and emerging PV converter technology[J]. IEEE Industrial Electronics Magazine，2015，9（1）：47-61.

[4] KADRI F, HAMIDA M A. simple threshold method in fault diagnosis for voltage source inverter in a direct torque control induction motor drive[J]. Recent Patents on Engineering，2020，14（4）：598-609.

[5] PEI T, HAO X. A fault detection method for photovoltaic systems based on voltage and current observation and evaluation[J]. Energies, 2019, 12（9）: 1712.

[6] MIRZAEI M, AB KADIR M Z A, MOAZAMI E, et al. Review of fault location methods for distribution power system[J]. Australian Journal of Basic and Applied Sciences, 2009, 3（3）: 2670-2676.

[7] GALIJASEVIC Z, ABUR A. Fault location using voltage measurements[J]. IEEE Transactions on Power Delivery, 2002, 17（2）: 441-445.

[8] 孔祥平, 袁宇波, 阮思烨, 等. 面向故障暂态建模的光伏并网逆变器控制器参数辨识 [J]. 电力系统保护与控制, 2017, 45（11）: 65-72.

[9] 张兴, 张崇巍. PWM 整流器及其控制 [M]. 北京: 机械工业出版社, 2012.

[10] 王堃, 游小杰, 王琛琛, 等. 低开关频率下 SVPWM 同步调制策略比较研究 [J]. 中国电机工程学报, 2015, 35（16）: 4175-4183.

[11] Z XUEGUANG, L WEIWEI, Y XIAO, et al. Analysis and suppression of circulating current caused by carrier phase difference in parallel voltage source inverters with SVPWM[J]. IEEE Transactions on Power Electronics, 2018, 33（12）: 11007-11020.

[12] MA M, XIONG P, MENG X, et al. Transient analysis and fault cause location of DC overvoltage fault based on photovoltaic grid connected inverter[J]. High Voltage Engineering, 2021, 47（01）: 187-197.

[13] SERBAN E, ORDONEZ M, PONDICHE C. DC-bus voltage range extension in 1500 V photovoltaic inverters[J]. IEEE Journal of Emerging and Selected Topics in Power Electronics, 2015, 3（4）: 901-917.

[14] 苗贝贝, 沈艳霞. NPC 三电平逆变器的开关管开路故障诊断 [J]. 电源学报, 2019, 17（5）: 65-72.

[15] 张建忠, 耿治, 徐帅. 基于 T 型逆变器的 APF 故障诊断与容错控制 [J]. 中国电机工程学报, 2019, 39（1）: 245-255, 339.

[16] 陈勇, 刘志龙, 陈章勇. 基于电流矢量特征分析的逆变器开路故障快速诊断与定位方法 [J]. 电工技术学报, 2018, 33（4）: 883-891.

[17] 崔江, 王强, 龚春英. 结合小波与 Concordia 变换的逆变器功率管故障诊断技术研究 [J]. 中国电机工程学报, 2015, 35（12）: 3110-3116.

[18] 宋保业, 徐继伟, 许琳. 基于小波包变换 - 主元分析 - 神经网络算法的多电平逆变器故障诊断 [J]. 山东科技大学学报（自然科学版）, 2019, 38（01）: 111-120.

[19] 马晓军, 李敏裕, 魏曙光, 等. T 型逆变器开路故障诊断 [J]. 电工技术学报, 2018, 33（10）: 2324-2333.

[20] 汤清泉, 颜世超, 卢松升, 等. 三电平逆变器的功率管开路故障诊断 [J]. 中国电机工程学报, 2008（21）: 26-32.

[21] 陈超波, 王霞霞, 高嵩, 等. 基于区间滑模观测器的逆变器开路故障诊断方法 [J]. 中国电机工程学报, 2020, 40（14）: 4569-4579, 4736.

[22] 李兵, 崔介兵, 何怡刚, 等. 基于能量谱熵及小波神经网络的有源中性点钳位三电平逆变器故障诊断 [J]. 电工技术学报, 2020, 35（10）: 2216-2225.

[23] 崔博文. 基于小波神经网络的逆变器功率开关故障诊断 [J]. 集美大学学报（自然科学版）,

2017, 22（01）：46-52.

[24] MENG X, MA M, LING F, et al. An optimized fault feature extraction method for PV grid-connected T-type three level inverter[C]// 2020 15th IEEE Conference on Industrial Electronics and Applications（ICIEA）, Kristiansand, Norway, 2020：645-650.

[25] MA M Y, MENG X S, XIANG N W, et al. Fault location method of IGBT short-circuit for a grid-tied Neutral-Point-Clamped inverter system, Microelectronics Reliability, 2021, 114225.

[26] CHOI U, LEE J, BLAABJERG F, et al. Open-circuit fault diagnosis and fault-tolerant control for a grid-connected NPC inverter[C]// IEEE Transactions on Power Electronics, 2016, 31（10）：7234-7247.

[27] JOHN V, BUM-SEOK SUH, LIPO T A. Fast-clamped short-circuit protection of IGBT's [C]// IEEE Transactions on Industry Applications, 1999, 35（2）：477-486.

[28] KHARGEKAR A K, PAVANA KUMAR P. A novel scheme for protection of power semi-conductor devices against short circuit faults[C]// IEEE Transactions on Industrial Electronics, 1994, 41（3）：344-351.

[29] RODRIGUEZ M A, CLAUDIO A, THEILLIOL D, et al. A new fault detection technique for IGBT based on gate voltage monitoring[C]// 2007 IEEE Power Electronics Specialists Conference, Orlando, FL, USA, 2007：1001-1005.

[30] WANG Z, SHI X, TOLBERT L M, et al. A di/dt feedback-based active gate driver for smart switching and fast overcurrent protection of IGBT Modules[J]. IEEE Transactions on Power Electronics, 2014, 29（7）：3720-3732.

[31] REDDY M H V, GOWRI K S, REDDY T B, et al. Effect of center voltage vectors（CVVs）of three-level space plane on the performance of dual inverter fed open end winding induction motor drive[J]. Chinese Journal of Electrical Engineering, 2019, 5（2）：43-55.

[32] 李启明. 三电平 SVPWM 算法研究及仿真 [D]. 合肥：合肥工业大学, 2008.